WIRESの世界へようこそ
ワイヤーズ

　V/UHFの電波を使って，多くの人たちと楽しく交信したい．地域を超えて交流したい．そんなアマチュア無線を楽しみたい人たちにぴったりな「しくみ」があります．

　それが，WIRES（ワイヤーズ）．ノードと呼ばれるアクセス・ポイントまで電波が届けば，そこには国内外のアマチュア無線を楽しむ人たちとの交信チャンスがたくさんあります．

　ノードまで電波を届かせる．まずはそれが第一歩．ノードまで電波が届かないようなら，自分でノードを運用したり，届くように工夫できるのも，アマチュア無線の楽しみの一つ．

　誰が呼んでくるかわからないワクワク感．免許を取って初めてCQを出したときのあの感じ，また味わってみませんか？

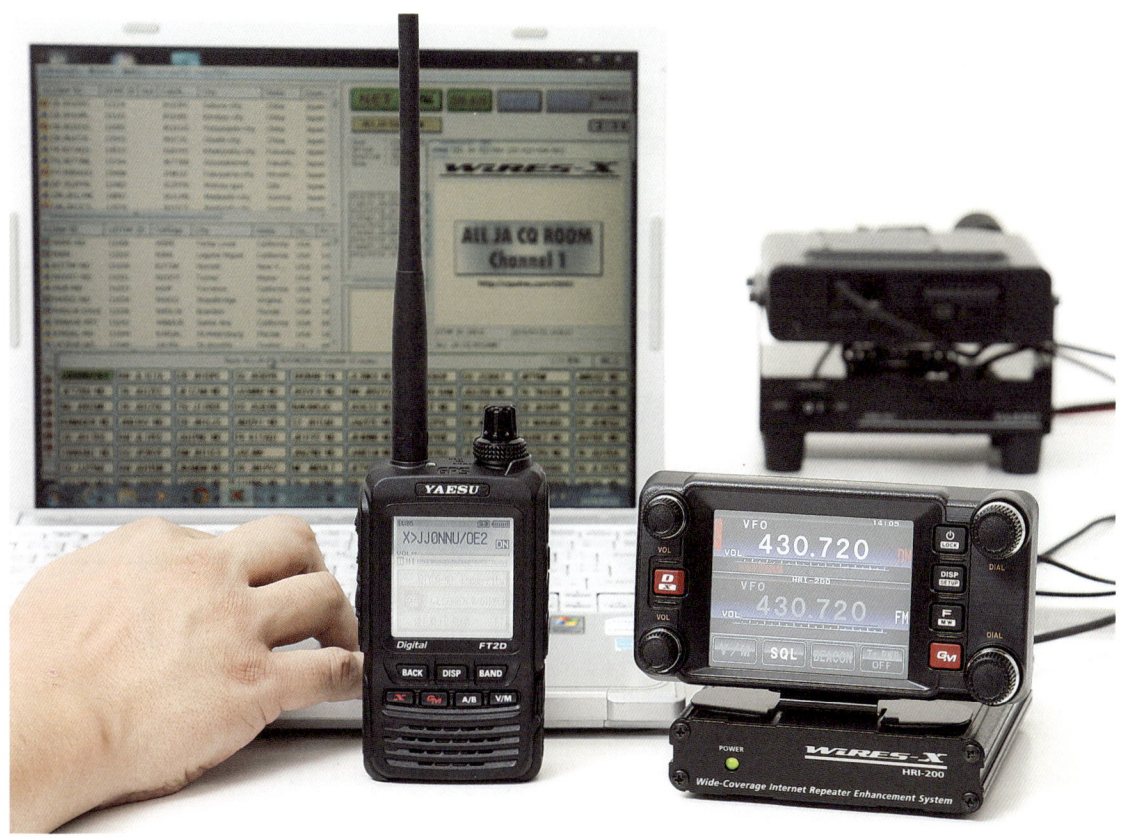

WIRESのしくみを知る →詳しくは 第1章 WIRES-X入門

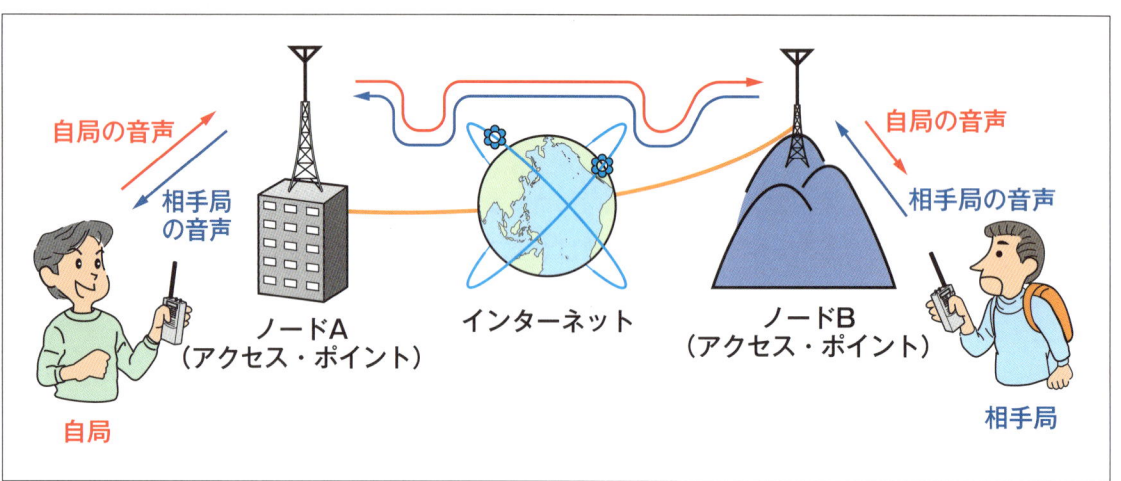

　WIRESで行っていることは単純明快．交信する相手局との通信経路にインターネットが入るだけ！「ルーム」という複数のノードがつながるしくみもあり，地域を越えたラウンドQSOができます．

アクセス・ポイント(ノード)検索も充実 →詳しくは 第1章 WIRES-X入門

　アクセス・ポイントや接続先を探すには，スマートフォンや携帯電話でも見られる検索システムや八重洲無線のWebサイトが便利．CQ ham radio 1月号 別冊付録「ハム手帳」にも「WIRES-Xノード局リスト」が掲載されています．

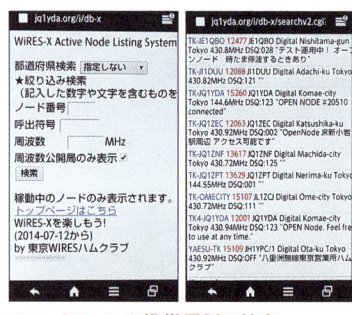

スマートフォンや携帯電話で検索
モバイル端末で見られるノード検索システムもある．稼働中のもののみ表示され，都道府県別に絞り込み検索も可能
http://jq1yda.org/i/

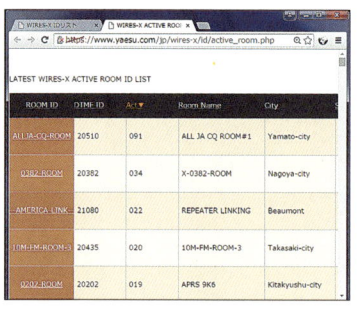

ラウンドQSOルーム・リスト
接続先の候補となるラウンドQSOルームはWebサイトでも調べられる　https://www.yaesu.com/jp/wires-x/id/active_room.php または http://jq1yda.org/i/

月刊 CQ ham radio 1月号の別冊付録「ハム手帳」にもノード・リストが毎年掲載されている．携帯電話やインターネットが使えないときに役立つ

WIRESの世界へようこそ

デジタルならではの簡単操作 →詳しくは 第1章 WIRES-X入門

① ノードが運用されている周波数で[Dx]キーを押す（スケルチ設定不要）

② ピロピロという音がしてノードにつながる（トランシーバがWIRESモードになり、ノードの制御ができる）

③ ノードをルームやほかのノードに接続

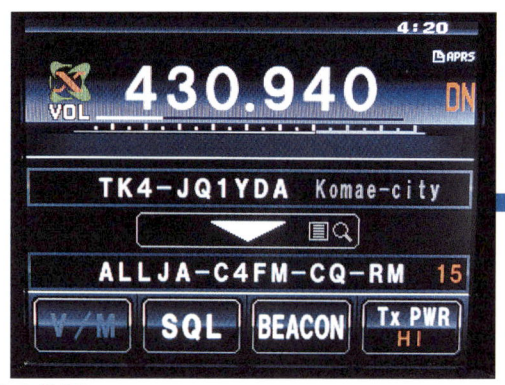
④ 交信する
交信時はこの画面（WIRESモード）のままで交信

⑤ 接続解除
マイクのアスタリスク・キー「*」を長く押す．WIRESモード（ノードとトランシーバの接続）を解除するには[Dx]キーを押す

※ この例はFTM-400D/DHのC4FMデジタルモードでC4FM運用のノードをアクセスしたものです．

従来のFMトランシーバでもOK！ →詳しくは 第1章 WIRES-X入門

① **トーン・スケルチを設定する**
ノードが設定しているトーン周波数に設定．デジタルコード・スケルチ（DCS）の場合もある．

② **DTMFで#99999を発信後，接続先のDTMF ID番号を入力（例：#20510）**
接続先のDTMF ID番号はWIRES-Xアクティブ・ノード・リストで調べる．

③ **接続が完了したら交信を始める**
接続が完了すると「This is (Node Callsign) WIRES X Connected to (ID Number)」という英語の自動音声アナウンスが聞こえる．

④ **接続解除**
DTMFで#99999を送信．

※ この例は一般的なFMトランシーバでノードをアクセスしたときのものです．

ノードの運用とアクセスに必要なアイテム　→詳しくは 第4章 WIRES-Xノード構築ガイド

　WIRES-Xノードに必要な機器とアクセスに使えるハンディ・トランシーバを並べてみました．お勧めのアイテムも含まれています．

- インターネットにつながったWindowsパソコン（またはタブレット）
- WIRES-X接続用キット 八重洲無線"HRI-200"
- 安定化電源（本例は第一電波工業"DSP-1000"）
- クーリングファン 八重洲無線"SMB-201"※（ノード用トランシーバを効率的に冷却する空冷ファン）
- ノード用トランシーバ（本例は八重洲無線"FTM-100D"）
- ダミーロード※
- アンテナ用品
- ノード・アクセス用トランシーバ（本例は八重洲無線"FT2D"）
- ハンディ・トランシーバ用外部電源アダプタ※（本例は車でも使えるシガープラグ付きSDD-13を使用）
- カメラ付きスピーカ・マイク"MH-85A11U"※（FT1D，FT2D，FTM-400D，FTM-100Dで画像を撮影する際に必要）

※必ずしも必要ではないが，お勧めできるアイテム

WIRES-Xノード運用に使えるトランシーバ

★ C4FM/FM両用タイプ

● FTM-100D/DH
144/430MHz C4FM/FM 対応．フロントパネル・セパレートも可能なモビル機．ノード用に使うトランシーバを考えた場合，そのお求めやすさから，最もお勧めできる機種

● FTM-400D/DH
144/430MHz C4FM/FM 2波同時受信タイプ．カラー液晶ディスプレイを搭載し，C4FMで行われているすべての通信形態に対応（伝送画像もディスプレイに表示可能）．ノード運用にも，もちろん対応

★ FM専用

● FT-7900/H
（144/430MHz FMトランシーバ）
WIRES-II（C4FMが登場する前からあるWIRES）のノード運用で実績があるFMモービル機．WIRES-Xでも引き続き利用可能

WIRESの世界へようこそ

ノード用機器の接続方法を見る　→詳しくは 第4章 WIRES-Xノード構築ガイド

WIRES-Xノードの標準構成は至ってシンプル．無線機との接続はデータ端子で，パソコンとの接続は汎用のUSBケーブルでつなぎます．

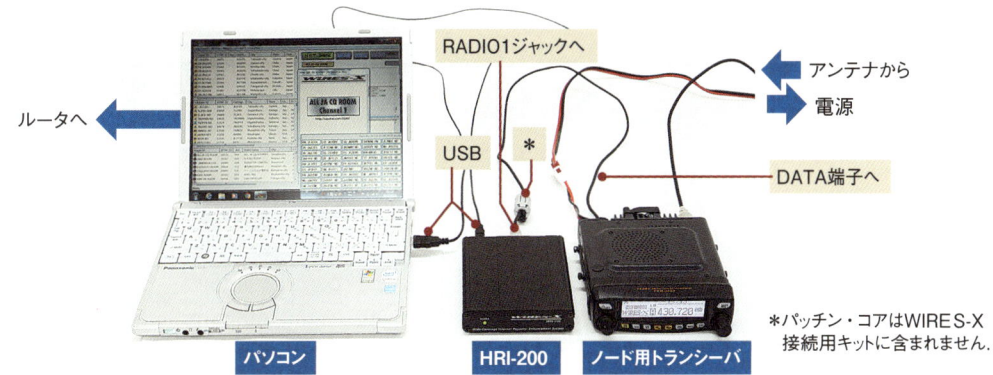

＊パッチン・コアはWIRES-X接続用キットに含まれません．

HRI-200

パソコンの電源に連動して点灯

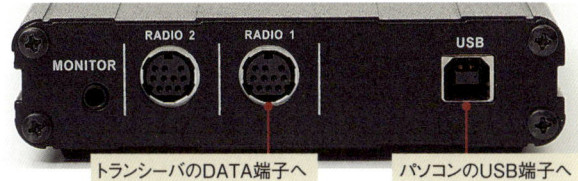

トランシーバのDATA端子へ　　パソコンのUSB端子へ

トランシーバのDATA端子形状

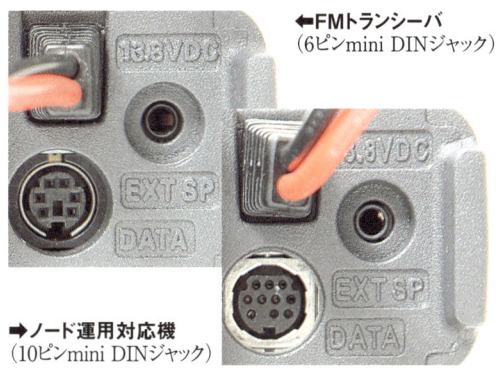

←FMトランシーバ
（6ピンmini DINジャック）

➡ノード運用対応機
（10ピンmini DINジャック）

WIRES-Xノード・アクセスにお勧めのトランシーバ

C4FMデジタルで運用しているノードにはC4FM対応トランシーバを，アナログFMで運用しているノードはトーン・スケルチ，DTMF信号が出せる機種がよいでしょう．

● **FT1D**
C4FM/FM対応144/430MHzデュアルバンド・ハンディ・トランシーバの先駆け．ディスプレイに画像は表示できないが，魅力的な価格

● **FT2D**
C4FM/FM対応144/430MHzデュアルバンド・ハンディ・トランシーバ．大きめのモノクロ・ディスプレイに画像表示が可能．タッチパネルがノードの操作をより便利にしてくれた

● **FT-991/S/M**
HF～430MHzにC4FMを含むオールモードで対応する，人気の多バンド・コンパクト機．ニュース・ステーションや画像伝送には対応していないが，メニューがシンプルで使いやすい

WIRESパーフェクト・マニュアル | 5

WIRES-Xソフトウェア画面を見る →詳しくは 第4章 WIRES-Xノード構築ガイド

「メニュー・バー」
ノードの初期設定を含めた各設定はこのメニューで行う

「グループ・ウィンドウ」
ルームに接続しているノード・リスト、よく接続するノードを表示することができる（表示内容を選択できる）

「アクティブ・ノード・ウィンドウ」
現在アクティブな（ソフトウェアが起動している）ノード局のリストが表示されている。Dアイコンはデジタル、Aアイコンはアナログ運用を意味し、黄色で表示されているのは接続中

「ノード・アイコン」
DはC4FMデジタル運用、AはFM運用を表す。接続中のノードは黄色で表示される

「DTMF ID」

「ルームID」

「Act」
Activityの略。ルームに接続しているノード数が表示されている

「ルーム名」

「インターネット接続状況」
通常はONLINE。インターネットやWIRES-X全体をコントロールしているサーバとの接続が不安定だったり、接続できないときはOFFLINEの表示が出る

+C.User ID	DTM...	Act	Call/R...	City	State	Country	Freq(MHz
AC-JI2ZTU	15223		JI2ZTU	Nagaku...	Aichi	Japan	430.85MH
HK-JR8YNS	12350		JR8YNS	Sappor...	Hokkaido	Japan	430.72MH
KN-JQ1YMD	15052		JQ1YMD	Yokoha...	Kanagawa	Japan	430.80MH
MUSEN-ZONE	15225		JE2ZUF	Izu-city	Shizuoka	Japan	430.86MH
NN-JH0MJY	12025		JH0MJY	Suzaka-...	Nagano	Japan	431.0MHz
SO-JJ2YMT	15214		JJ2YMT	Atami-c...	Shizuoka	Japan	430.9MHz
SO-JJ2YOG	13313		JJ2YOG	Numaz...	Shizuoka	Japan	144.55MH
SO-JS2VVH	12603		JS2VVH	Atami-c...	Shizuoka	Japan	144.54MH

A.User ID	+DT...	CallSign	City	State	Co...	Freq(M...	SQL
KJ6OYT-ND	11002	KJ6OYT	Cypress	California	USA	145.525...	DSQ
W0PE-ND							
NJ6N			Room ALLJA-C4FM-CQ-RM(2050...				
AB2HM-PA	SO-JS2VVH NN-JH0MJY SO-JJ2YOG HK-JR8YNS MUSEN-Z						
WX3C-DM							
NJ2AR-ND							
K2TJW-ND	11029	K2TJW	Hornell	New Y...	USA	146.435...	DCS
K6JP-ND	11033	K6JP	Torrance	California	USA		
N4JOG-ND	11034	N4JOG	Woodbridge	Virginia	USA	146.520...	DSQ:
N4DLW-D...	11036	N4DLW	Brandon	Florida	USA	145.612...	DSQ:
WB6AJE-R...	11042	WB6AJE	Santa Ana	California	USA	445.540...	TSQ:
KJ4QAL-ND	11044	KJ4QAL	St.Petersburg	Florida	USA	144.0MHz	
VE2PVR-ND	11049	VA2PV	St-Amable	Quebec	Ca...	448.775	

Room ID	DTM...	-Act	Room name	City	State
ALLJA-CQ-ROOM	20510	094	ALL JA CQ ROOM#1	Yamato-city	Kanag...
--AMERICA-LINK--	21080	028	REPEATER LINKING	Beaumont	Texas
0382-ROOM	20382	027	X-0382-ROOM	Nagoya-city	Aichi
E-KYUSYU-ROOM	29118	019	東九州QSORoom	Miyazaki-city	Miyazaki
TSQL0945-ROOM	20945	016	トーンスケルチ愛好会	Koriyama-city	Fukush...
0202-ROOM	20202	015	APRS_9K6	Kitakyushu-city	Fukuoka
10M-FM-ROOM-3	20435	015	10M-FM-ROOM-3	Takasaki-city	Gunma
JA6YIY-ROOM	20852	014	長崎 日赤無線奉仕団	Nagasaki-city	Nagasaki
9158-X-ROOM	29158	013	9158 趣味のルーム	Itabashi-ku	Tokyo

Ready

WIRESの世界へようこそ

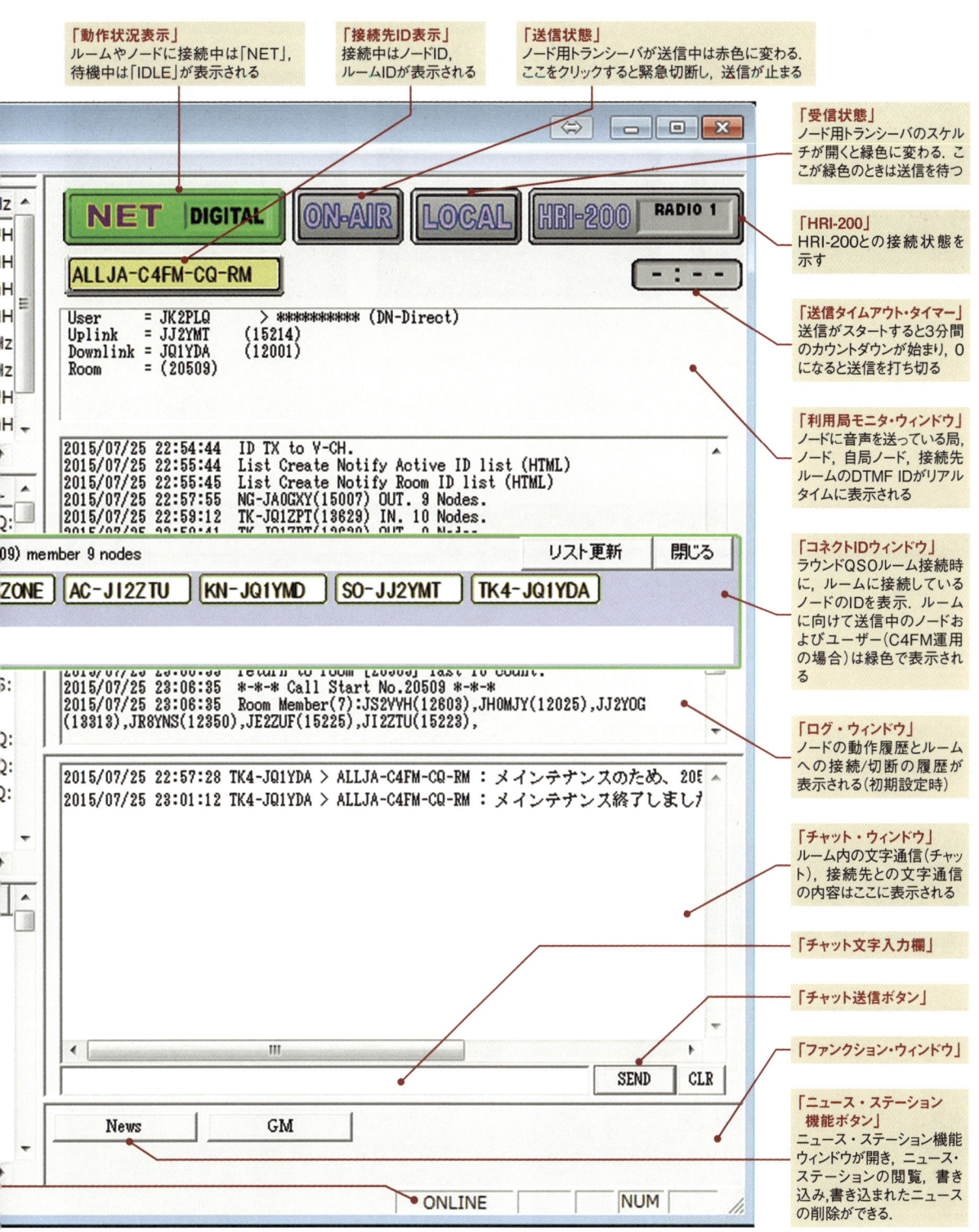

ニュース・ステーションで楽しむ　→詳しくは 第3章 実際のオペレーション

　WIRESノードやルームにはニュース・ステーションという「写真，メッセージ，音声をUPLOADしておき，いつでも見られるしくみ」が併設されていて，ノードやルームごとに独立し，稼働しています．雰囲気は，簡易掲示板のようです．

　現在は，ノードやルームを使う人へのお知らせや，外出先で何気なく撮った写真がUPLOADされているのをよく見かけます．

楽しいWIRESコミュニケーション　→詳しくは 第1章 WIRES-X入門

　WIRESでの交信は「会話を楽しむ」という雰囲気があり，積極的に交信していると，全国の人たちと知り合えます．そして，WIRESで知り合った人たちが主催するイベントや大小さまざまなミーティングが，全国各地で開催されています．

WIRES勉強会のひとこま

WIRESライダーズ・クラブ

関西WIRES Meeting

WIRESみちのくアイボール会

アマチュア無線運用シリーズ

WIRES パーフェクト・マニュアル

V/UHFの電波で日本全国・世界とつながる

JQ1YDA 東京ワイヤーズ・ハムクラブ［編］

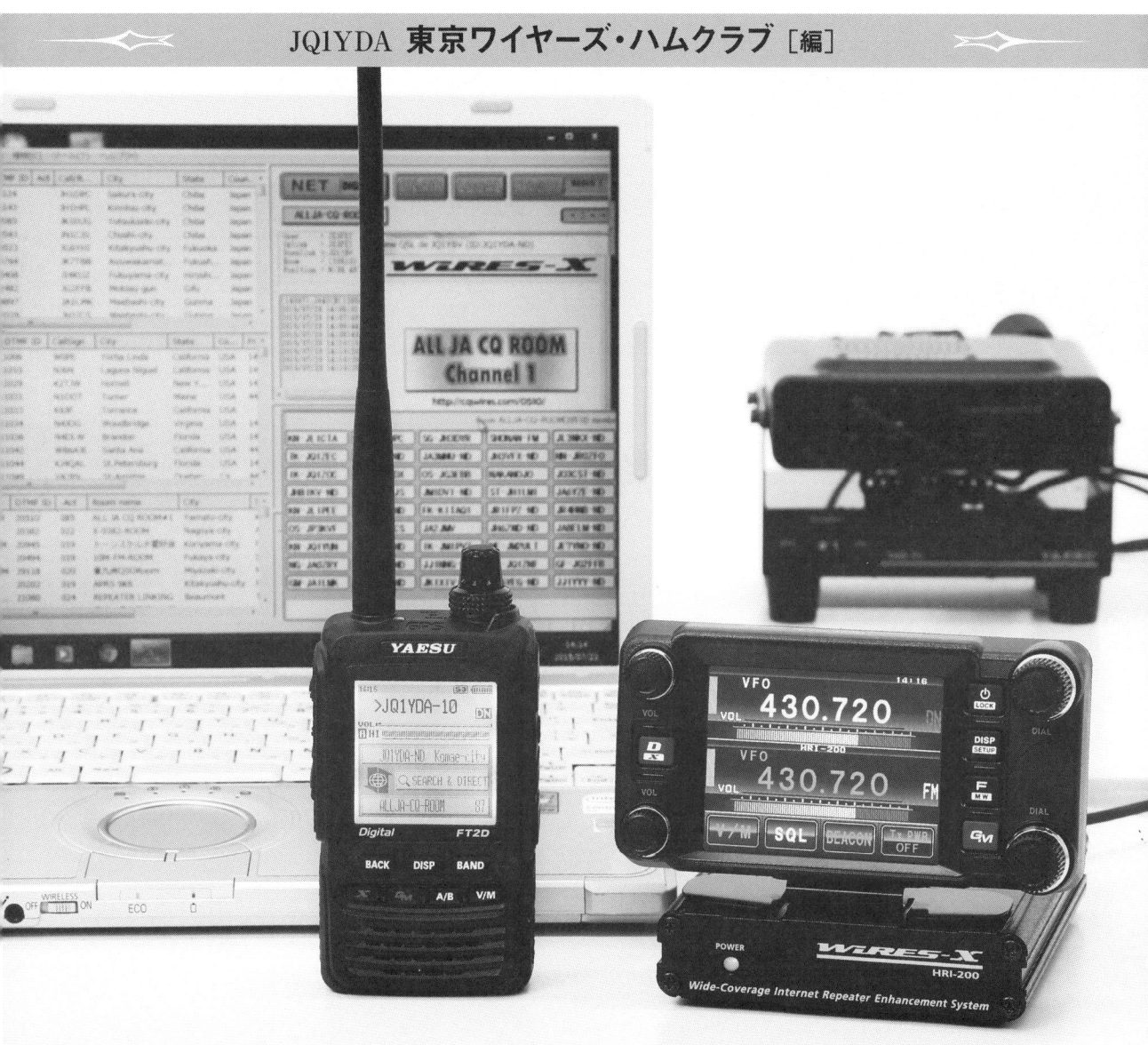

はじめに

　WIRES(ワイヤーズ)とは，アマチュア無線での通話をインターネットを通じて遠隔地まで伝送するシステム．インターネットに接続したアクセス・ポイント(ノード)を利用して，遠く離れた局と交信できることから，日本の局を中心に，海外を含めた多くの局が利用しています．

　WIRESの最大の特徴は，2002年8月にスタートした当時から，誰でも利用できる公開アクセス・ポイント(オープン・ノード)が日本各地で積極的に運用され，公共性の高いネットワークとして成長し続けていることです．

　八重洲無線が発売しているWIRESインターネット接続用キット(HRI-200)を用意しなくても，まずは，ご近所に公開されたWIRESノードがあれば，お手元のモービル機やハンディ機で全国規模の交信が可能です．

　本書は，そうしたWIRESネットワークを支えている個々のアマチュア局が力を合わせて制作した小冊子「WIRESパーフェクト・ガイド(CQ hamradio別冊付録)」を刷新し，書籍化したもので，2002年から蓄積されてきたノウハウの多くを網羅しています．

　ぜひ，本書を参考に全国・全世界規模のWIRESネットワークを利用して，ダイナミックな交信を楽しみませんか？　そこで生まれる新たな交流は，皆さんのハムライフをさらに充実したものへと導いてくれるものと確信しています．

JQ1YDA 東京ワイヤーズ・ハムクラブ・関係諸団体 一同

JQ1YDA Webサイト

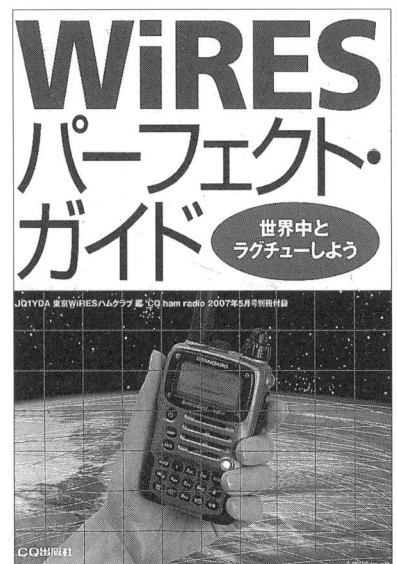 

本書のルーツ，「WiRESパーフェクト・ガイド」(CQ ham radio 2007年5月号，2010年4月号 別冊付録)」

もくじ

WIRESの世界へようこそ ……………………………………………………… 1

WIRESのしくみを知る …………………………………………………………………… 2
アクセス・ポイント（ノード）検索も充実 ……………………………………………… 2
デジタルならではの簡単操作 …………………………………………………………… 3
従来のFMトランシーバでもOK！ ……………………………………………………… 3
ノードの運用とアクセスに必要なアイテム …………………………………………… 4
ノード用機器の接続方法を見る ………………………………………………………… 5
WIRES-Xソフトウェア画面を見る ……………………………………………………… 6
ニュース・ステーションで楽しむ ……………………………………………………… 8
楽しいWIRESコミュニケーション ……………………………………………………… 8

はじめに …………………………………………………………………………………… 10

第1章　WIRES-X 入門 ………………………………………………… 14

1-1 発展を続けるWIRES-X ……………………………………………………… 14
1-2 WIRES-Xで交信するための基礎知識 ……………………………………… 21
1-3 WIRES-Xで交信してみよう ………………………………………………… 27
　　コラム1-1　　DTMFとは? ……………………………………………………… 21
　　コラム1-2　　WIRES-XのC4FMノードを探す，もう一つの方法 ………… 26
　　コラム1-3　　C4FM対応トランシーバのコールサイン登録 ……………… 27
　　コラム1-4　　位置情報の送信 ………………………………………………… 28
　　コラム1-5　　ALL JA CQ ROOMにおける「マナー」 ……………………… 29
　　コラム1-6　　ローカル・ノードがすでにルームやノードに接続中の場合 … 32
　　コラム1-7　　DSQやトーン・スケルチを使う理由 ………………………… 33
　　コラム1-8　　お勧めルーム一覧 ……………………………………………… 35
　　コラム1-9　　WIRES-X ノード・アクセス Q & A ………………………… 36
　　WIRESユーザーの声 ①
　　　　非常時の通信手段としても期待されるWIRES ………………………… 20
　　WIRESユーザーの声 ②
　　　　初めての交信はワイヤーズでした ……………………………………… 37

もくじ

第2章　デジタル・ノードを自由自在に操る ……………………………… 38

- 2-1　WIRES-Xデジタル・ノード 操作の基本 ………………………………… 38
- 2-2　接続先の探し方いろいろ ………………………………………………… 39
- 2-3　知識も増やし，疑問を解決する方法 …………………………………… 46
  - コラム2-1　ALL検索をアクセス履歴順にするワザ …………………… 41
  - コラム2-2　接続先のカテゴリを削除する ……………………………… 46
  - コラム2-3　WIRESオン・エア・ミーティング ……………………… 47

第3章　実際のオペレーション ……………………………………………… 48

- 3-1　WIRESを使った交信 …………………………………………………… 49
- 3-2　デジタルならではの楽しみ …………………………………………… 51
- 3-3　ニュース・ステーションを使おう …………………………………… 53
- 3-4　シンプレックスで楽しむ ……………………………………………… 66
- 3-5　WIRESとAPRSを楽しむ ……………………………………………… 67
  - コラム3-1　WIRES-Xでの交信例 ……………………………………… 49
  - コラム3-2　WIRES-Xを使った海外交信 ……………………………… 50
  - コラム3-3　WIRESで交信したときのQSLカード …………………… 50
  - コラム3-4　ほかのノードやルームのニュース・ステーションを見る … 53
  - コラム3-5　取り込んだデータを見る・整理する ……………………… 65
  - WIRESユーザーの声 ③
    - 声なじみから顔なじみへ …………………………………………… 71

第4章　WIRES-Xノード構築ガイド ……………………………………… 72

- 4-1　WIRES-Xノード運用の準備 …………………………………………… 72
- 4-2　ソフトウェアのセットアップから開局まで ………………………… 77
- 4-3　WIRES-Xソフトウェアの操作とアレンジ …………………………… 87
- 4-4　ノードの設定をアレンジする ………………………………………… 90
- 4-5　ラウンドQSOルームを運用しよう …………………………………… 94

もくじ

  コラム4-1 ノード運用に使えるトランシーバ ……………………… 73
  コラム4-2 ノード運用にお勧めのアイテム ………………………… 74
  コラム4-3 ルータはNEC製の現行製品，UPnP機能対応がお勧め …… 75
  コラム4-4 ノードは何台まで運用可能? …………………………… 77
  コラム4-5 ルームを動作させるときの環境 ………………………… 95
  WIRESユーザーの声 ④
    ツーリング&アイボールが楽しめるWIRESライダーズ・クラブ ……… 97

第5章 ノードの運用と管理 …………………………… 98

5-1 日々の運用 ……………………………………………………… 98
5-2 ノードの運用周波数 …………………………………………… 101
5-3 ノードとルームの管理 ………………………………………… 103
  コラム5-1 都市部のノードは狭域ノードが多い? ………………… 101
  コラム5-2 自分のノードをアクセスする話 ………………………… 102
  コラム5-3 WIRESのオート・スタート機能 ………………………… 106
  WIRESユーザーの声 ⑤
    テーマはEnjoy VoIP ……………………………………… 108

第6章 資料編 ……………………………………………… 109

6-1 コールサインの前に付けるSSコード ……………………… 109
6-2 機種別ノード・アクセス操作早見表 ………………………… 110
6-3 機種別APRS設定ガイド ……………………………………… 112
6-4 ファームウェア・アップデート・ガイド …………………… 114
  コラム6-1 FT-991/M/Sのファーム・アップのポイント ………… 114
  コラム6-2 FTM-400Dのファーム・アップのポイント …………… 115
  コラム6-3 FT1Dのファーム・アップのポイント ………………… 116

索引 ………………………………………………………………………… 116
著者プロフィール ………………………………………………………… 119

本書の内容は，以下を元に加筆・再構成したものです．
- 「WiRESパーフェクト・ガイド」(CQ ham radio 2007年5月号 別冊付録)
- 「WiRES-Ⅱパーフェクト・ガイド」(CQ ham radio 2010年4月号 別冊付録)

第1章
WIRES-X 入門

WIRES-Xは通信経路の途中にインターネットを使う「VoIP無線システム」のうちの一つ.日本で開発された公共性が高いシステムとして発展し続け,国内で最もアクティビティーが高いと言われています.この章ではそのしくみと,交信するための操作方法を紹介します.

1-1 発展を続けるWIRES-X

　WIRES-Xネットワークは全国各地に展開しているノード局で構成され,アマチュア局ならどなたでも最寄りの公開ノード局(**写真1-1**)を利用して,WIRES-Xネットワーク内のノードを利用する局と自由自在に交信することができます.しかも,WIRES-X接続用キットを購入したりパソコンを用意しなくても,お手持ちのC4FM対応(**写真1-2**)またはFMトランシーバ(**写真1-3**)を使っ

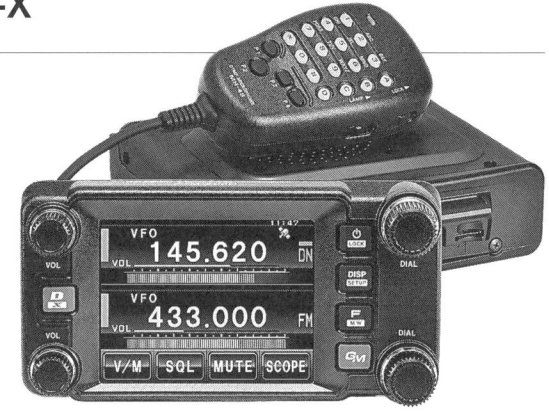

写真1-2　C4FM対応トランシーバの例
八重洲無線 FTM-400D. WIRES-Xのすべての機能に対応するトランシーバ. 画像伝送なども可能

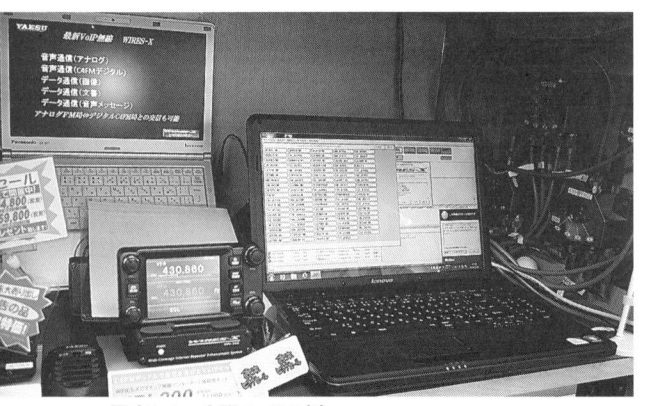

写真1-1　公開ノードの例
パソコンと無線機, HRI-200(パソコンと無線機を接続するインターフェース)で構成される

写真1-3　FMトランシーバの例
WIRES-XのアナログFMノード運用とアクセスにそのまま使える,八重洲無線 FT-7900

第1章　WIRES-X 入門

て，今すぐにでも交信にチャレンジできる優れたシステムです．

そして，ノードと呼ばれるアクセス・ポイントは，アマチュア局なら個人・社団問わず特別な手続きなしに運用できますから，ノードを維持管理，不特定局にサービスする楽しみもあります．

WIRES-Xが楽しい，その理由

2002年8月からスタートしたWIRES-Ⅱ．2014年6月には，C4FMデジタルに対応した新しいWIRESが，WIRES-Ⅱとは別のシステムとして登場しました．それがWIRES-Xです(**写真1-4**)．

2015年7月現在，ノードの開設数は順調に伸び，スタートしてからわずか1年で，日本では約1,000局，北米では約400局，ヨーロッパでは約300局，アジア(日本を除く)では約20局で，合計約1,700局がノードを運用できる状態にあります．そして，日本国内だけでも約500局のノード局が常に稼動しています(筆者調べ)．

「相手あってのアマチュア無線」，WIRESはWIRES-Ⅱの時代から，日本最大のVoIP無線ネットワーク・システムとして発展し続けています．それはWIRES-Xでも同じこと．そこでは，多くの局との交信と交流が期待できます．

その潮流の中で，アマチュア無線の楽しさを再発見できたり，新しい刺激を得られることでしょう．中にはWIRESをやりたくてアマチュア無線に復活したカムバック・ハムや，WIRESで交信したいがためにアマチュア無線の免許を取ったという声も聞こえてきます．女性やジュニア・ハムも，同性・同年代のハムと交信できる機会もあるでしょう．ずばり，アマチュア無線の活性化のためのネットワークとしての側面も多分にあります．

では，WIRES-Xの何がおもしろいのか，そして，どのような活用事例があるのかピックアップしてみます．

■ 理由1：音質の劣化がない，高音質デジタル・サウンドで交信可能

WIRES-Xは，C4FMデジタルならではの高音質．たとえインターネットを使っても，音声が劣化することなく，そのまま伝送することができます．さらに，デジタル方式ゆえの先進的な操作性や機能はもちろんのこと，画像やテキスト，音声のダウンロード，アップロードが可能です(**写真1-5**，p.16，**写真1-6**)．これらの新機能は，アマチュア無線の新しい楽しみと可能性を予感させます．

写真1-4　WIRES-Xインターフェース
WIRES-Xのノード運用に必要なインターフェース．WIRES-Xを示す象徴的な存在

写真1-5　WIRES-Xでダウンロードした画像
ルームとノードにそれぞれ画像をポストできる掲示板のような機能があり，アップロードとダウンロードが可能

WIRESパーフェクト・マニュアル

■ 理由2：簡単な操作で，思い立ったらいつでも交信可能

ノード局へのアクセスは[Dx]キー（機種によっては[D]キー）を押して，接続先のノードやルームを選ぶだけ（C4FMの場合）．そして，CQを出して交信することをテーマにしたCQルーム（ALL JA CQ ROOM）が運営されており（**図1-1**），常に70局以上，ゴールデン・タイムには100局以上のノードが接続され，交信チャンスが豊富にあります．まさに全国各地をカバーする超広域レピータのような雰囲気です．もちろん，それ以外にもWIRES-Xネットワークにはたくさんのノードと多くのルームがあり，自分自身でルームを作ることもできます．

■ 理由3：C4FM以外のFMトランシーバでも交信ができる，FMフレンドリーなシステム

簡単な設備で全国各地の人たちと交信できることから，モービル局やアパマン・ハムの利用が多いのもWIRES-Xの特徴です．近くのノードが運用されている周波数にセットするだけで，いろいろな地域の局の声が聞こえてくることから，ラジオ代わりにWIRES-Xノードからの電波をワッチしている局もいるほどです．

図1-1　20510ルームのロゴ
接続するとWIRESソフトウェアの画面上にポップアップする，20510ルームのロゴ．WIRES-Ⅱの時代から，13年以上にわたって培われたノウハウが生きている

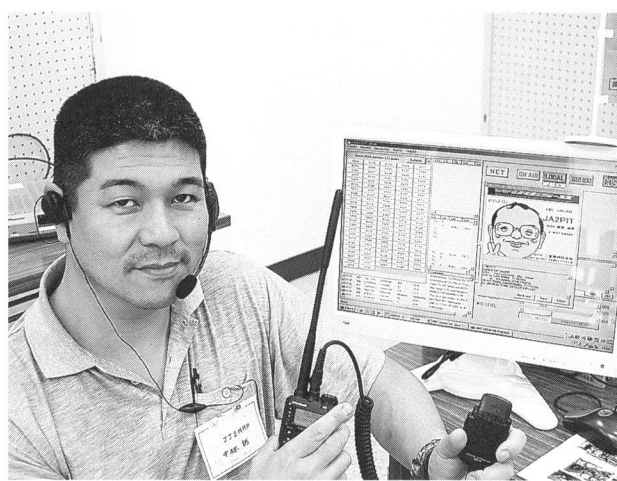

写真1-6　WIRES-Xでメッセージの読み書き
ルームとノードは簡易的な掲示板に似た機能を持ち，メッセージの書き込み（アップロード）と読み出し（ダウンロード）が可能

写真1-7　WIRES-Xは簡単な設備で運用可能
音声通話だけなら従来のFMトランシーバでもノードの運用とアクセスが可能．WIRES-Ⅱからの移行は接続キットの入れ替えのみでも運用可

WIRES-XはC4FMデジタルと従来のアナログFMに対応し，WIRES-XのアナログFMノードなら従来のFMトランシーバ（製造メーカー問わず）でWIRES-Xを楽しむことができます（**写真1-7**）．そして，C4FMで運用する局が，FMトランシーバを利用する局とWIRES-Xを介して交信することもできます．

■ 理由4：無線技術とネットワーク技術の融合が奥深い

交信するには，ノードまでしっかりと自局の電波を到達させなければなりません．WIRES-Xネ

第1章 WIRES-X 入門

ットワークについての理解も必要です．ルームを使って交信する際は，聞いている人が多いということをより強く意識した，ちょっとしたマナーや話術も必要となります（難しくはない）．

誰でも使える公開ノード（オープン・ノード）を運用するならば，パソコン・インターネットについての基礎知識はもちろん，ノードの維持・管理

写真1-8 WIRESはユーザー同士の交流も盛ん
各地でWIRESで出会った人たちのミーティングなどが行われている

ノウハウ，ノードが電波を発射することによる他局への影響についての理解を深めなければなりません．

とはいえ，アマチュア無線は実験・研究・自己訓練を旨とする趣味．失敗を恐れず謙虚な気持ちで臨めば何も怖くはないはず．すでに運用している人の中には，親切に教えてくれる人もいます．

■ 理由5：ノードのセットアップが簡単

ノードを構築する場合，従来のWIRES-IIに比べてパソコンへの接続はUSBケーブル1本で済みますから，接続はシンプルです．また，ネットワ

図1-2 WIRES-XソフトウェアのUPnP自動登録
ルータの設定もUPnP対応で比較的簡単にできる

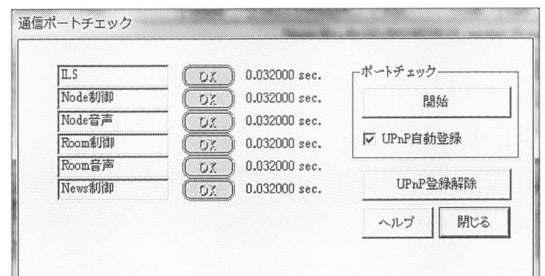

ーク機器の設定も簡単に行うことができます．例えば，UPnP対応ルータを使用して，UPnP自動登録にレ点を付してポート・チェックの開始ボタンをクリックするだけで，難解な「ポートの解放」という設定を自動で行ってくれます（**図1-2**）．

WIRES-Xの実態に迫る

■ 各地でイベントが盛りだくさん

アマチュア無線は，交信を通じて知り合った人たちと交流するのも楽しみの一つ．WIRESの世界ではミーティングやイベントが盛りだくさん．初めてでも気軽に参加できる20～30人規模のミーティングが，それぞれの地域のアクティブ・ユーザーの呼びかけで全国各地で開催されています（**写真1-8**）．ほとんどの集いがクラブやグループという括りではなく，WIRESがテーマというだけの自然な集まり．また，バイク・ツーリングを兼ねた集いなど，分科会的な集まりもあります．全国とつながっているから，交流の規模も全国です．

写真1-9　USBにデータ端末を挿して使うタイプのインターネット回線でWIRESも動く

写真1-10　車内に設置したWIRES-Xノード
モバイル・インターネット回線を使った車載ノードの例
(写真提供：JE4SMF 西村さん)

■ 昔のラグチュー仲間と交流再開！

環境が変わって全国各地に離ればなれになってしまった昔のラグチュー仲間を誘って，皆でWIRES-Xを使えば，懐かしいあのころのようにラグチューを楽しめます．ご自身と仲間でそれぞれノードを運用して，WIRES-Xネットワーク内に仲間同士で使うラウンドQSOルームを作るなどして，古き良きあのころを再現してみましょう．

■ ノードを持ち歩く人が増えている

近年のインターネット回線サービスの充実は目を見張るものがあります．WIRES-Xはノードとインターネットを介して交信しますが，携帯電話事業者のインターネット・サービス(写真1-9)を利用した移動ノード局(モバイル・ノード)の運用を行う人たちが出てきました．

それは，車やアタッシュ・ケースにノード設備一式を入れて，いつでもどこでもWIRES-Xで交信できるしくみを実現しています(写真1-10, 写真1-11)．

■ アマチュア無線の活性化を狙うWIRES

ノードの電波を遠くに飛ばす必要は必ずしもあ

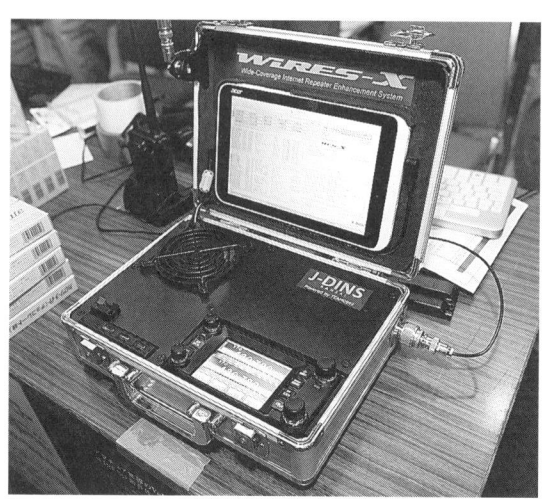

写真1-11　アタッシュ・ケースに組んだWIRES-Xノード
Windowsタブレットとモバイル回線をコンパクトにまとめて，アタッシュ・ケースに収納したノード(写真提供：JL3BHQ 福井さん)

りません．混雑したバンドを避けて，比較的アクティビティーが低いアマチュアバンドでノードを開設してみるのも，選択肢のうちの一つです．29/50MHzや1200MHz帯を利用するWIRES-Xノードも存在しています．これらのバンドではノード運用に対応したC4FM対応トランシーバが市販されていないので，FMで運用されています(写真1-12)．29/50/1200MHzでC4FMによるノード運

第1章　WIRES-X 入門

写真1-12　C4FMノード・アクセスに対応したFT-991(左)，50MHz FMノードの運用とアクセスにも対応したFT-8900(右)

写真1-13　平成23年3月11日に発生した東日本大震災では，被災地と被災していない地域との通信にレピータとWIRES-IIノードが利用された(出典：CQ ham radio 2011年9月号「そのとき被災地のハムが動いた」)

用が可能なトランシーバの登場が待たれます。

■ 災害時や防災への活用も

携帯電話で通話できなくても，インターネット(常時接続回線)は使えた！　という事例を裏づけるように，地震発生後，電話回線による通信がしづらくなった地域での通信にWIRESが利用されたことがあります(**写真1-13**)。

また，WIRES-IIのALL JA CQルーム(#0510D)では，地震発生の旨やそれに伴う津波発生の恐れの有無が，自動的にアナウンスされるしくみが構築されていますが(**図1-3**)，現在，WIRES-XのALL JA CQ ROOMでもそれを行おうと検討されています。

WIRES-Xが登場してから原稿執筆時(2015年7月)までは大きな地震は発生していませんが，デジタルならではの機能，相手局の位置やコールサインがひと目でわかる機能や画像や文字の伝送機能が，いざというときに役立つことでしょう。

図1-3　WIRESを利用した防災の可能性

WIRES ユーザーの声 ①
非常時の通信手段としても期待されるWIRES

JI2SSP 平岡　守 Mamoru Hiraoka（JARL岐阜県支部非常通信委員会委員長）

JARL岐阜県支部非常通信委員会では，WIRESを非常時の通信手段の一つとして活用すべく，ネットワーク作りを推進しています．

理由は，WIRESがV/UHFの電波とインターネットを使う通信システムだということ．発災時，電話が使えなくてもインターネットは使えた事例は少なくありません．その背景には，岐阜県の独特な地形があります．南部の「輪中」という海抜0mほどの地域もあれば，北部には御嶽山をはじめとした3,000m級の山々が連なります．

岐阜県の大半は山間部で，県庁が存在する岐阜市と，北部の高山市は直線で100km程度です．この地形ゆえ，短波帯以外では，安定した交信は望めません．

ある日，WIRESを使えばこのような地域でもV/UHFで連絡網（ネットワーク）が作れること，実際に役立ったことを知りました（**写真A**，**写真B**）．そこで，複数のある有力な手段のうちの一つとして，WIRESで独自のネットワークの構築を目指すことにしたのです．

当時，WIRESを愛好する局が増えることも期待して，既存のWIRESユーザー・グループに相談し，コラボする形で活動を開始しました．

皆さんの協力で，わずか2年の間に，岐阜県内のノードは，当初数局だったのが今は約30局です．県内の北部にもノードが登場し，通常の交信が難しい地域ともWIRESを使用した交信が安定して行えるようになりました．

■ 現在と今後の活動

ノード・オーナー，ユーザーとの親睦を図るためのアイボール会や懇親会を毎月行い，よりWIRESを身近に感じてもらえる活動を継続しています．

JARL岐阜県支部非常通信委員会が開催する「非常通信委員会メリット交換交信」に通常のシンプレックス交信と一緒に，WIRESでの訓練も行っています．

そして，もはや標準機能にもなりつつある，GPS付きトランシーバを非常時にも上手に活用しようと検討中です．GPSでの位置情報と，音声による通信，C4FMを使用し，画像通信も利用することで，よりリアルな情報の通信を，防災に利用するなど行政を含めて広く提案していきたいと思っています．

写真A　平成19年3月に発生した能登半島地震では，石川県無線赤十字奉仕団が被災地（輪島市）にWIRESノードを臨時に設置して，被災地と県庁所在地（金沢市）間の通信を確保．情報伝達と活動を支援した
写真は機材を満載し被災地に到着した車両．輪島市と金沢市間は山があり，V/UHFでの通信が難しく，HFではスキップしてしまう位置関係だった

写真B
被災地宅内でノードを設置する，石川県無線赤十字奉仕団のスタッフ

第1章 WIRES-X 入門

1-2 WIRES-Xで交信するための基礎知識

WIRES-Xはアクセス・ポイントとして存在しているノードと，それを利用する局の連携によって交信が成り立つ，世界規模のダイナミックなネットワーク・システムです．WIRES-Xで交信するには，自局の電波が届く（アクセスできる）ノード（＝ローカル・ノード）を操作して，WIRESの別のノードまたはルームにつなぎ，それらを使う人たちと交信を楽しみます．もちろん，ローカル・ノードはご自身で運用しているものでもOKです．

ノードの操作は，C4FMでアクセスする場合はディスプレイを見ながらトランシーバを操作し，FMの場合はDTMF（コラム1-1参照）を送信して行います．言葉で説明すると長いのですが，意外と簡単です．

基本的なノード・トゥ・ノード接続

WIRES-Xでの交信のようすは図1-4（p.22）の形態が基本で，このような経路で交信する方法を「ノード・トゥ・ノード」と呼んでいます．図1-4に示すノード（アクセス・ポイント）は受信した音声をインターネットへ送り，かつ，インターネット側から送られてきた音声を送信する動作を行います．

C4FMでWIRES-Xを使用する場合は，ローカル・ノードが運用している周波数に設定し，トランシーバの[Dx]キーを長押しして通信経路を確立したうえで交信を始めます．いわば交信したい相手局に電話をかけるような感覚で，アクティブ・モニタ画面（電話帳のようなもの）から接続先ノー

コラム1-1　DTMFとは？

いわゆる「ピポパ」音のことです．テンキー付きハンディ・トランシーバ（**写真1-A**）やDTMFマイク（**写真1-B**）付きトランシーバなら，送信中に無線機本体やマイクのテンキーを押すと，キーに応じたトーン信号が送信されます．そのトーン信号を受信したノードはそれをコマンド（指令）と認識して，その指令に応じた動作を行います．DTMFで送れるのは0～9，＊，＃，A～Dです．

DTMFマイクがない無線機（**写真1-C**）でも，DTMFメモリ機能でDTMFを送信できます．その場合，＊をE，＃をFと置き換えてメモリすればOKです．

写真1-A　八重洲無線 VX-8D
テンキー付きFMトランシーバの例．送信中にテンキーを押すことで，DTMFトーンが送信できる

写真1-B　DTMFマイク
無線機に標準添付されている場合もあれば，オプション用品として別に売られている場合もある

写真1-C　八重洲無線 VX-3
DTMFメモリ付きハンディ機．DTMFメモリを使うことで，WIRES-Xノード（FM運用）で交信できる

WIRESパーフェクト・マニュアル | 21

図1-4 ノード・トゥ・ノードでの交信
A局の電波はノードB局にキャッチされ,その音声はすぐにノードC局から送信されD局に届く.D局の電波はノードC局にキャッチされ,その音声はすぐにノードB局から送信されA局に届く

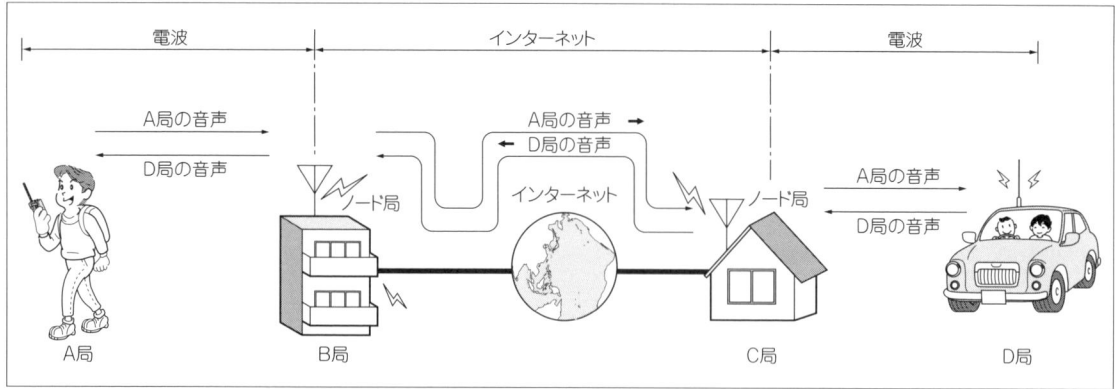

ドを選び,接続したあとに交信するというスタイルになります.交信が終わったらノード同士の接続を切断します.なお,FMでアクセスする場合は,接続したいノードのDTMF ID番号をDTMFで送信します.

ルームに接続して行う交信

WIRES-Xには「ラウンドQSOルーム(以下,ルーム)」と呼ばれる,複数のノードを接続できるしくみがあり,日々多くの局がルームを使って交信を楽しんでいます.ルームは複数あり(図1-5),ノードごとにルームを持つことができます.

このルームによる交信のようすを図1-6に示します.ルームでは,同じルームに接続したノードを利用する局同士(1対1または複数)で交信が楽しめます.

ラウンドQSOルームで交信する場合は特別な操作は必要なく,接続先としてラウンドQSOルームのルームIDを選び,接続したあとに交信を始めるというスタイルです.

FMでアクセスする場合は,ルームのDTMF ID番号をDTMFで送信します.

図1-5 WIRESソフトウェアのルーム一覧
1ノードあたり一つのルームを簡単な設定で持つことができる.さまざまなテーマでたくさんのルームが運営され,にぎわっている

Room ID	DTM...	-Act	Room name	City	State	Country	Comment
ALLJA-CQ-ROOM	20510	072	ALL JA CQ ROOM#1	Ya...	Kanag...	Japan	【CQルーム】CQが出せる広域レピーターのようにご利用いた
0382-ROOM	20382	027	X-0382-ROOM	Na...	Aichi	Japan	WiRES-Ⅱとリンクしています.(暫定運用)
--AMERICA-LINK--	21080	023	REPEATER LINKING	Be...	Texas	USA	(Analog / Digital) WIRES-X Repeater
E-KYUSYU-ROOM	29118	021	東九州QSORoom	Mi...	Miyazaki	Japan	東九州RoundQSORoom
0202-ROOM	20202	016	APRS 9K6	Kit...	Fukuoka	Japan	0202 DIGITAL ROOM WIRES-Xの情報交換をしましょう
ALLJA-C4FM-CQ-...	20509	013	ALL JA CQ ROOM#2	Ko...	Tokyo	Japan	[CQ Room] ALL JA C4FM CQ Room
JNET9	22512	013	ほろよい	Ts...	Fukui	Japan	毎晩繰り広げられる酔っ払いの楽しい会話
JA6YIY-ROOM	20852	012	長崎 日赤無線奉仕団	Ko...	Nagasaki	Japan	日赤長崎県支部無線室
TSQL0945-ROOM	20945	014	トーンスケルチ愛好会	Ko...	Fukush...	Japan	WiRES-X おめでとう!
9158-X-ROOM	29158	011	9158 趣味のルーム	Ita...	Tokyo	Japan	Ⅱとの相互接続実験中!お気軽にどうぞ
JH6YMX-ROOM	29090	011	鹿児島日赤無線奉仕団	Ka...	Kagosh...	Japan	鹿児島県赤十字アマ無線奉仕団ROOM
10M-FM-ROOM	20494	011	10M-FM-ROOM	Fu...	Saitama	Japan	ご自由にお使い下さい.
KJ4VO-WIRES	21067	010	WORLDWIDE WIR...	Cu...	Georgia	USA	
PAX-RADIO-ROOM	20963	010	PaxRadio Friendship	Ha...	Tokyo	Japan	PaxRadio環太平洋ネットワーク
OKAYAMA-0253	20253	010	Okayama X 1.84	Ok...	Okaya...	Japan	WiRES-X QSO Room

第1章　WIRES-X 入門

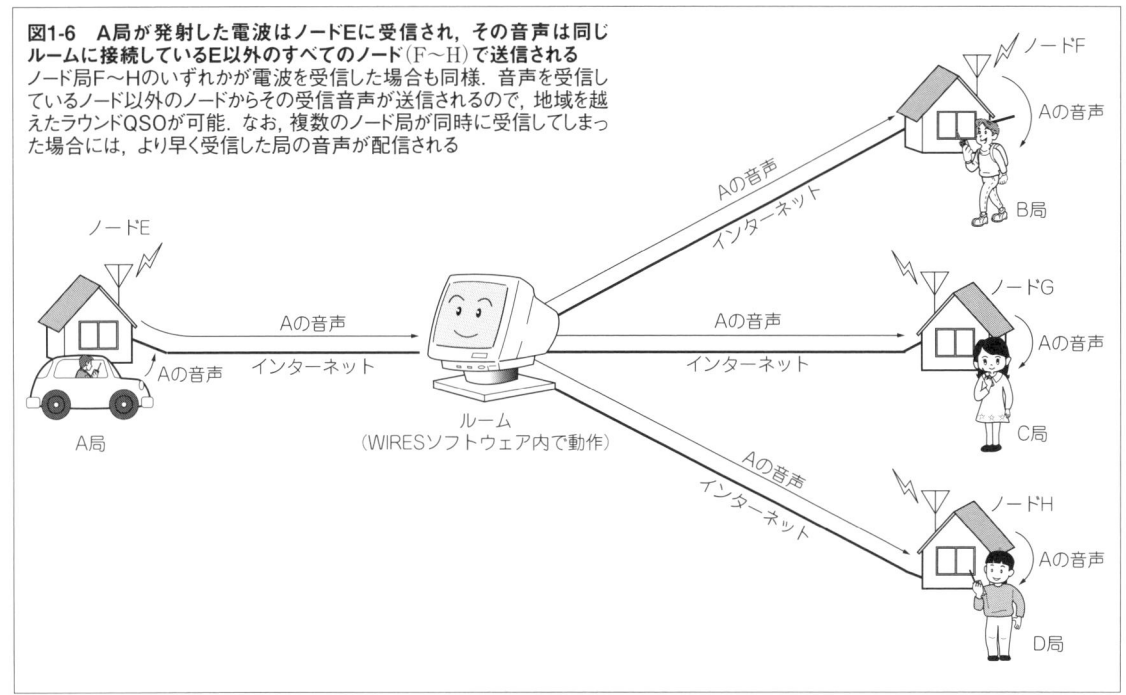

図1-6　A局が発射した電波はノードEに受信され，その音声は同じルームに接続しているE以外のすべてのノード(F〜H)で送信される
ノード局F〜Hのいずれかが電波を受信した場合も同様．音声を受信しているノード以外のノードからその受信音声が送信されるので，地域を越えたラウンドQSOが可能．なお，複数のノード局が同時に受信してしまった場合には，より早く受信した局の音声が配信される

ノードの情報と運用周波数

　ノード（アクセス・ポイント）に自局の電波が届けば，WIRES-Xを使ってノード・トゥ・ノードやルームで交信することができることはご理解いただけたでしょうか．では，肝心なノード局はどこで運用されているのでしょう？　そしてその情報は，どこで得られるのでしょうか．

■ ノードやルームを調べる

　ノードの住所（市郡区まで）と運用モード（アナログ/デジタル），運用周波数などの情報，ルームの情報は，Webサイトで調べることができます．おもなWebサイトを**図1-7**〜**図1-9**(p.24)に示し，結果表示における各項目の意味を**表1-1**(p.25)に示します．これらは現在アクティブ（＝稼働中）のものをリストしていて，「WIRES-XアクティブIDリスト」と呼び，約20分ごとに更新されています．

稼働中ではないノード局やルームを含めたリストは「WIRES-X IDリスト」です．これはよく使うと思うので，スマホやパソコンの「お気に入り」や「ブックマーク」に入れておきましょう．

■ ノードは「VoIP通信区分」で運用されている

　ノードは周波数が指定されているレピータと違い，すべてのアマチュア局が免許された範囲内で自由な出力と周波数で運用できます．ただし，50MHz〜1200MHz帯のアマチュアバンドでは，法令でWIRESなどのインターネットなどの公衆網を介した無線システム用の区分，「VoIP通信区分」が定められているので，WIRES-Xのノード局も「VoIP通信区分」で運用することをお勧めします(p.26，**図1-10**)．

　そのほか注意すべき点は，次の四つです．①50〜1200MHz帯では「広帯域の電話・電信・画像」区分でのノード運用は禁止されている．② VoIP

WIRESパーフェクト・マニュアル　23

図1-7　WIRES-XアクティブIDリスト/ノード版
https://www.yaesu.com/jp/wires-x/id/active_node.php

LATEST WIRES-X ACTIVE NODE ID LIST　　Update every 20 min 2015/07/16 09:14 JST Thu

NODE ID	DTMF ID▲	Call Sign	Ana/Dig	City	State	Country	Freq(MHz)	SQL	Lat	Lon	Comment
W0PE-ND	11006	W0PE	Digital	Yorba Linda	California	USA	145.77MHz	DSQ:OFF			W0PE Yorba Linda CA
NJ6N	11010	NJ6N	Digital	Laguna Niguel	California	USA	145.725MHz	DSQ:OFF	N:01 01' 01"	E:001 01' 01"	
AB2HM-PAT	11011	AB2HM	Digital	Woodbury Heights	New Jersey	USA	144.95MHz	DSQ:OFF	N:39 48' 21"	W:075 08' 54"	Pat in South Jersey
WX3C-DMR	11015	WX3C	Analog	Lake Worth	Florida	USA					GRUPO DIGITAL DE LAKE WORTH FLORIDA
KF4HR-NC	11019	KF4HR	Analog	Belhaven	North Carolina	USA	144.0MHz				Interests: R/C Aircraft,Boating,Astronomy

図1-8　WIRES-XアクティブIDリスト/ルーム版
https://www.yaesu.com/jp/wires-x/id/active_room.php

LATEST WIRES-X ACTIVE ROOM ID LIST　　Update every 20 min 2015/07/16 08:54 JST Thu

ROOM ID	DTMF ID	Act▼	Room Name	City	State	Country	Comment
ALLJA-CQ-ROOM	20510	072	ALL JA CQ ROOM#1	Yamato-city	Kanagawa	Japan	【CQルーム】CQが出せる広域レピーターのようにご利用いただけます
0382-ROOM	20382	027	X-0382-ROOM	Nagoya-city	Aichi	Japan	WiRES-Ⅱとリンクしています。（暫定運用）
--AMERICA-LINK--	21080	023	REPEATER LINKING	Beaumont	Texas	USA	(Analog / Digital) WIRES-X Repeater
E-KYUSYU-ROOM	29118	021	東九州QSORoom	Miyazaki-city	Miyazaki	Japan	東九州RoundQSORoom
0202-ROOM	20202	015	APRS 9K6	Kitakyushu-city	Fukuoka	Japan	0202 DIGITAL ROOM　WIRES-Xの情報交換をしましょう

図1-9　JQ1YDA WebサイトのWIRES-X Active Node Listing system
左はWIRES-Xノード検索，右はWIRES-Xルーム一覧（**http://jq1yda.org/i/**）

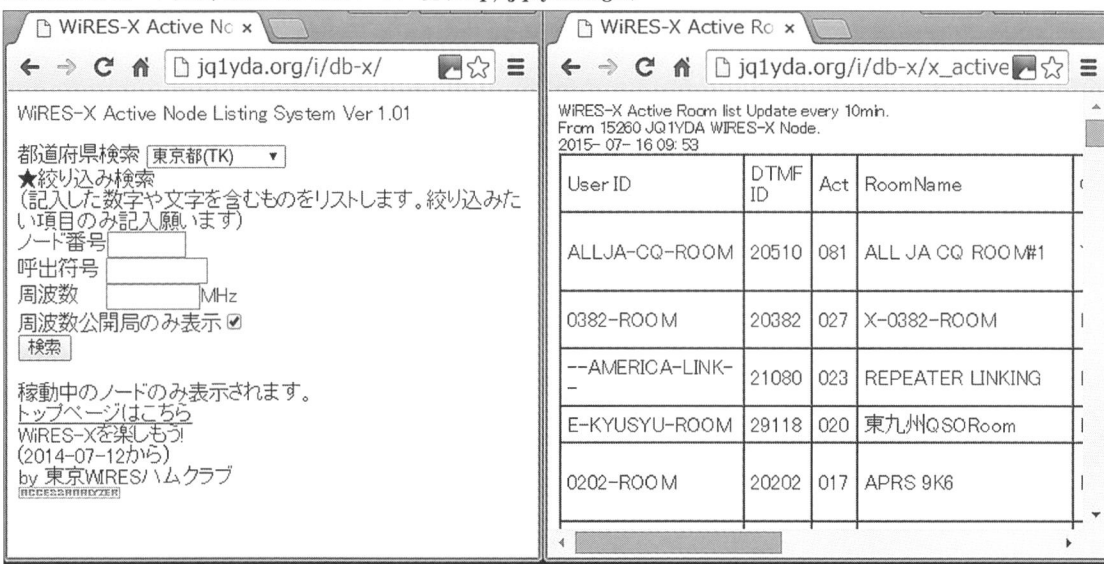

第1章 WIRES-X 入門

表1-1 ノード/ルーム IDリスト 各項目の意味

■ Node ID LIST（ノードIDリスト）の各項目の意味

項 目	設定	内 容
NODE ID	○	ノードID．C4FMモードのとき，接続先リストに表示されるノード名称
DTMF ID		FMモードで接続するときにDTMFで送信する番号（送信時は#を前置）
Call Sign		コールサイン
Ana/Dig	○	運用モード（AnalogまたはDigital）
City		運用場所の住所（市郡区）
State		運用場所の住所（都道府県）
Country		運用場所の住所（国）
Freq(MHz)		運用周波数（非公開の場合は空欄[※1]）
SQL		トーンスケルチ/DCSなどの要否とそのトーン周波数/コード番号[※2]
Lat	○	運用場所の位置（緯度）
Lon	○	運用場所の位置（経度）
Comment	○	コメント（公開ノードか否かはここに書く）

■ ROOM ID LIST（ルームIDリスト）の各項目の意味

項 目	設定	内 容
ROOM ID	○	ルームID．C4FMモードのとき，接続先リストに表示されるルーム名称
DTMF ID		FMモードで接続するときにDTMFで送信する番号（送信時は#を前置）
Act		ルームに接続しているノード数
Room Name	○	ルーム名称（タイトル）
City		ルーム運用場所（市郡区）
State		ルーム運用場所（都道府県）
Country		ルーム運用場所（国）
Comment	○	コメント

＊ 設定欄に○がある項目は，WIRES-Xソフトウェアで随時変更できる．
※1 144.0と記載があるノード局は，WIRES-Xソフトウェアで周波数を入力していない．
※2 対象はFMノード．C4FMノードは制御リクエスト応答時に自動的に設定される．

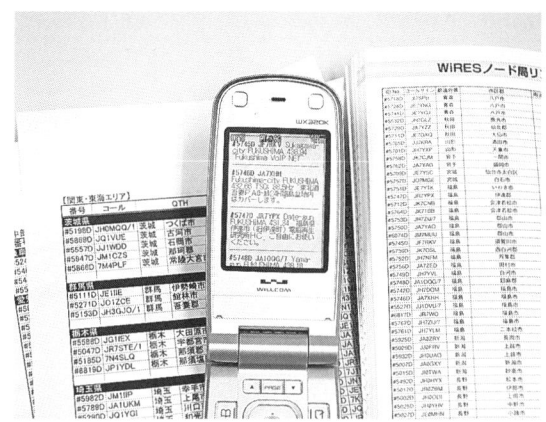

写真1-14　CQ ham radio 1月号別冊付録「ハム手帳」（Ham Notebook）には誰でも使えるノードが抜粋されて掲載されている
スマートフォンなどが使えない山の上などでは，ハム手帳またはノード・リストを印刷したものを持参すると重宝する

通信区分では，ノードまたはノードをアクセスするための電波の発射に限られる．③ 区分境界周波数の下限（例：430.70MHz）は使えないが上限（例：431.00MHz）は利用可能．④ VoIP区分がないアマチュアバンドにおいては電波型式等により運用周波数を判断する．このような内容になっています．

■ 自由に使えるオープン・ノード

WIRESでは，一個人やグループが自分たちだけのためにノードを動かしているケースはそう多くはなく，他局の利用も歓迎するノード局が，全国各地で数多く運用されています（**写真1-14**）．

それぞれのノードが「他局の利用を歓迎する」かどうかを知るには，IDリストのコメント欄が参考になります．ここに「ご自由にお使いください」，「オープン・ノード（OPEN NODE）」と書かれているノードが一般的に「他局の利用を歓迎」していますから，そのようなノードを積極的に利用するとよいでしょう．

それとは逆に自分だけが利用するために運用しているノードを，パーソナル・ノードやマイ・ノードと呼び，混雑している地域では，あえて飛ばないアンテナを使って運用するなどの配慮が行われています．

■ ノード局が見つからない場合

都市部にはノードがたくさんありますが，地域によっては，アクセスできるノードが見つからないこともあります．そのような場合は，ご自身でノードを開設されてはいかがでしょう．FMトランシーバでも開設可能です．開設のノウハウは本書の第4章で説明します．

図1-10　アマチュア・バンドプラン（28MHz～1200MHz）

■ 28MHz帯（10mバンド）
運用可能な資格：全資格運用可

[MHz] 28.00　28.07　28.15　28.20　　　　29.00　　29.30　29.51　29.59　29.61　29.70

| CW | 狭帯域データ注1 | CW，狭帯域の電話・電信・画像 | 広域の電話・電信・画像・データ注3 | 衛星 | レピータ | 広帯域の電話・電信・画像・データ | レピータ |

→ 28.20 ビーコン注2　非常通信周波数

注1：28.15～28.20MHzは外国のアマチュア局との通信に限りデータ通信にも使用できる。
注2：28.20MHzはJARLが国際的な標識信号（ビーコン）を送信する場合に限る。
注3：29.00～29.30MHzは外国のアマチュア局との通信に限り占有周波数帯幅が3kHz以下の通信にも使用できる。

■ 50MHz帯（6mバンド）
運用可能な資格：全資格運用可

[MHz] 50.00　50.10　50.20　50.30　　51.00　　51.50 非常通信周波数　52.00　52.30　52.50　52.90　54.00

| CW・狭帯域データ | CW，狭帯域の電話・電信・画像 | 広帯域の電話・電信・画像注6 | VoIP | CW，狭帯域の電話・電信・画像 | 広帯域データ | 全電波型式（実験・研究用） |
| EME注4 | | 狭帯域データ | | | | |

→ 50.01 ビーコン注5　→ 50.10 非常通信周波数　→ 51.00 呼出周波数・非常通信周波数

注4：50.00～50.20MHzはEMEにおける占有周波数帯幅が3kHz以下のデータ通信にも使用できる。
注5：50.01MHzはJARLが標識信号（ビーコン）を送信する場合に限る。
注6：51.00～51.5MHzで外国のアマチュア局と交信する場合は占有周波数帯幅が3kHz以下の電話・電信・画像およびCWにも使用できる。

■ 144MHz帯（2mバンド）
運用可能な資格：全資格運用可

[MHz] 144.00　144.02　144.10　144.40　144.50　144.60　144.70　145.50 非常通信周波数　145.65　145.80　146.00

| EME | CW | CW，狭帯域の電話・電信・画像 | 狭帯域データ | VoIP | 広帯域データ | 広帯域の電話・電信・画像 | 全電波型式（実験・研究用） | 衛星 |

→ 144.10 非常通信周波数　→ 145.00 呼出周波数・非常通信周波数

注7：144.10～144.20MHzは外国のアマチュア局とのEMEにも使用できる（占有周波数帯幅3kHz以下に限る）。
注8：144.30～144.50MHzは国際宇宙ステーションとの交信に限って広帯域の電話・電信・画像通信にも使用できる。

■ 430MHz帯（70cmバンド）
運用可能な資格：全資格運用可

[MHz] 430.00　430.10　430.50　430.70　431.00　431.40　431.90　432.10　433.50 非常通信周波数　434.00　435.00　438.00　439.00　440.00

| CW | CW，狭帯域の電話・電信・画像 | 狭帯域データ | VoIP | 広帯域データ | 広帯域の電話・電信・画像 | EME | 広帯域の電話・電信・画像 | レピータ | 衛星 | 全電波型式（実験・研究用） | レピータ |

→ 430.10 非常通信周波数　→ 433.00 呼出周波数・非常通信周波数

※ JARLが推奨するデジタルボイスモード用呼び出し周波数/非常通信周波数：51.300MHz/145.300MHz/433.300MHz

■ 1200MHz帯（25cmバンド）
運用可能な資格：全資格運用可

[MHz] 1260　1270　1273　1290　1293　1300

| 衛星 | レピータ | ATV，高速データ注9 | レピータ | |

1293　1294　1294.50　1294.60　1294.90　1295.80　1296.20　1299　1300

| データ | CW，狭帯域の電話・電信・画像 | ビーコン | VoIP | 広帯域の電話・電信・画像 | EME | 全電波型式（実験・研究用） | レピータ |

→ 1,294 非常通信周波数　→ 1,295.00 呼出周波数・非常通信周波数

注9：高速データ通信は占有周波数帯幅が9MHz以上のものに限る。

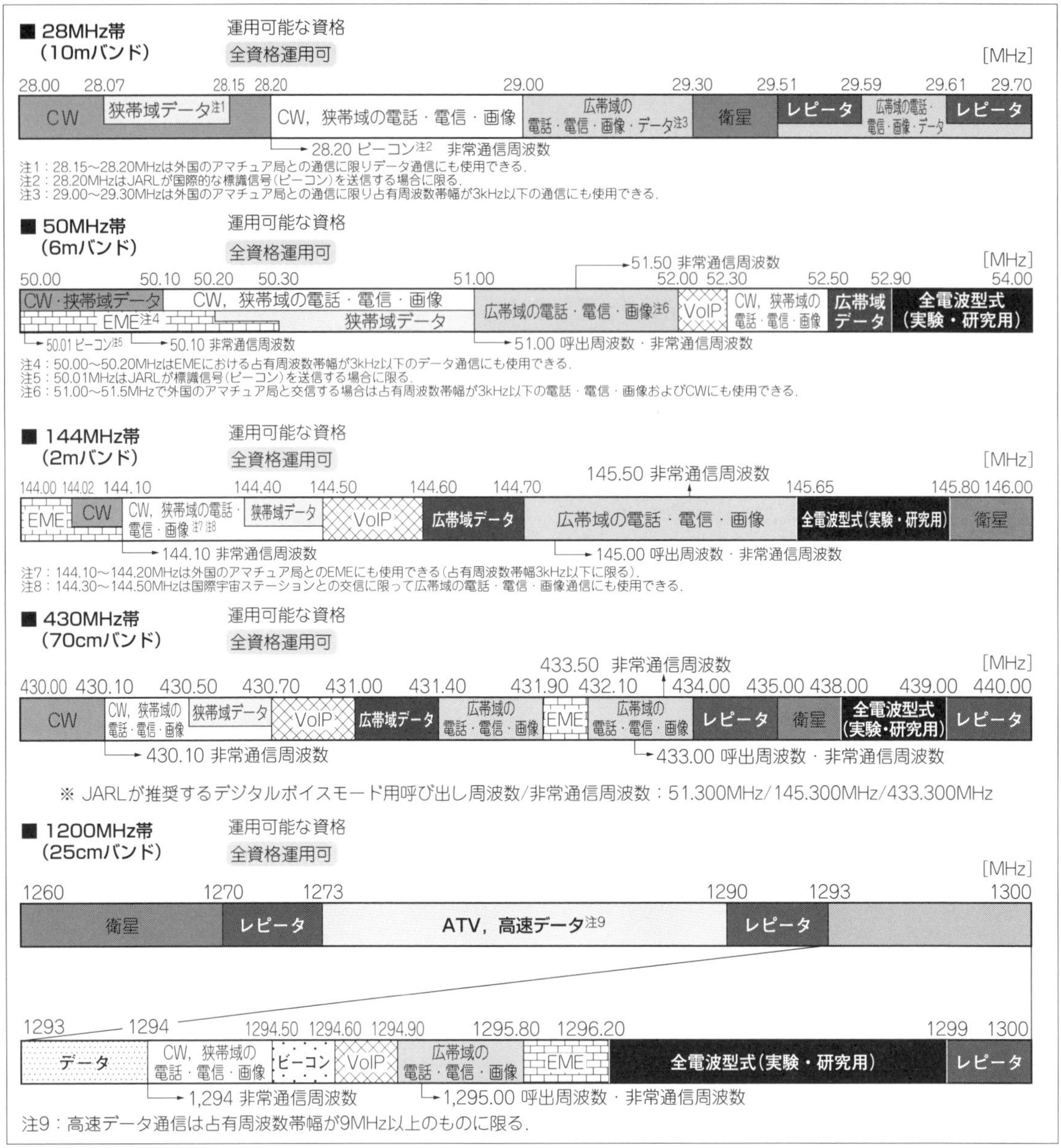

コラム1-2　WIRES-XのC4FMノードを探す，もう一つの方法

C4FMノードを利用するとき，アクセスしたいノードの情報を調べてから周波数を合わせて，[Dx]キーを長押ししてアクセスを始めます。

[Dx]キーを押すと，ノードを制御したいという「リクエスト信号」が，自局からノードに向けて送信されます。

それをキャッチしたWIRES-Xノードは，ノード局のデータを返します。

逆に，周波数を変えながら[Dx]キーを押して，自局の「リクエスト信号」をキャッチできるノード局を探すこともできます。IDリストが見られないときに便利です。

第1章　WIRES-X 入門

1-3　WIRES-Xで交信してみよう

WIRES-Xを楽しむ前の準備

WIRES-Xで交信してみたい．しかし，WIRES-Xのノードから聞こえてきた音声に，そのまま応答しても返答なし……．実はWIRES-Xで交信するには，ちょっとした操作や設定を行う必要があります．ここではその方法をご案内します．

WIRES-Xで交信するには，C4FMデジタルモードを使う方法と，従来のFMモードを使う方法があります．操作方法が異なるので，それぞれについて説明しましょう．

■ C4FMトランシーバを使う場合

その前に，C4FM対応トランシーバでWIRESを使う場合は，二つほど確認したいことがあります．一つは，使う無線機のファームウェア（無線機内のソフトウェア）のバージョン確認（**写真1-15**）と

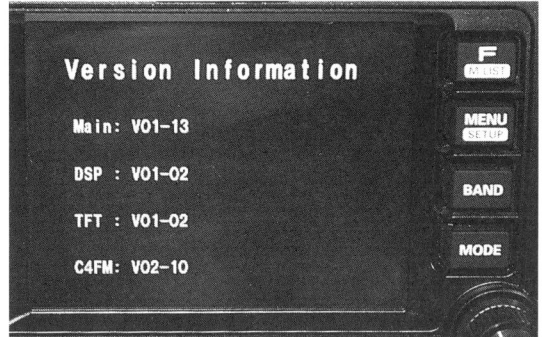
写真1-15　ファームウェアのバージョン確認
FT-991/M/Sの場合は，[A=B]キーと[A/B]キーを押しながら電源をオンにすると，ファームウェアのバージョン番号が表示される

コラム1-3　　C4FM対応トランシーバのコールサイン登録

C4FM対応トランシーバは，10文字までのコールサインを無線機に登録するようになっており，初めて電源をオンにしたときにコールサインの入力を促されます（FT-991/M/Sを除く）．ここで登録した内容（**写真1-D**）は，C4FMデジタルで運用したときに音声と同時に送信され，相手局のディスプレイに表示されます（**写真1-E**，WIRES-Xでも同様）．

コールサインの登録は[MENU]を長押しして出てくるメニューの「CALLSIGN」でいつでも設定でき，10文字以下のアルファベット，数字，記号が利用できます．なお，APRS機能のコールサイン設定とは独立しています．APRSを運用する場合にはSETUP MENUのAPRS，MY CALLSIGN(APRS)でもコールサインの登録を行います．

写真1-D　コールサインの入力画面(FTM-400D)

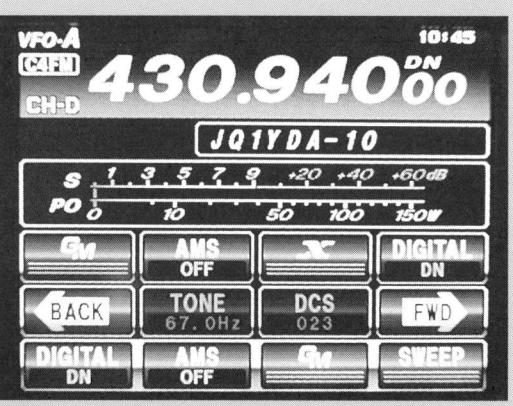
写真1-E　コールサインの表示例

更新(詳細は本書の第6章「資料編」に掲載). 二つ目は，コールサインと位置情報の設定です(p.27,**コラム1-3**参照)．特にファームウェアとコールサインの登録に不備があるとうまく交信できなかったり，CQを出しても応答が得づらくなることがありますから，要注意です．

全国をカバーする広域レピータ」のような雰囲気と，WIRES-Xにおけるメイン・チャネルの要素を併せ持つルームですから，とにかく交信を聞いてみたい，交信してみたいという方は，まずALL JA CQ ROOMに接続してワッチしたり，CQに応答してみるとよいでしょう．

ALL JA CQ ROOMで交信してみる

WIRES-Xには，「0510」や「CQルーム」の愛称で親しまれているALL JA CQ ROOM (#20510)があり，CQを出して交信することができます．

本書ではまず，このルームの利用を通じてWIRESへの理解を深めていくことにします．

ALL JA CQ ROOMは平素から50局以上，多いときで100局を超えるノードが入れ代わり立ち代わり接続されています(**図1-11**)．「CQが出せる，

そして，見よう見まねでOKです．CQを出して交信してみましょう．

また，WIRES-Xをすでに楽しんでいる知人がいれば，「ALL JA CQ ROOMで待ち合わせよう」と提案してみるのも交信成功への近道です．

慣れてきたら，ALL JA CQ ROOM以外のルームにつないだり，自分でノードやルームを運用してみるとよいかもしれません．

ではさっそく，ALL JA CQ ROOMに近所のノード局からアクセスしてみましょう．

コラム1-4 位置情報の送信

C4FM対応トランシーバでは，C4FMで送信するときにGPSで測位した位置情報を送信するようになっており，他局との位置関係(局間距離や方角)が表示できます．WIRES-X経由でも同様です．

室内で利用する際は，測位できない場合があります．そのような場合と，GPSが内蔵されていないFT-991シリーズを使う場合は，緯度経度を手入力で登録(**写真1-F**)

しておくと，局間距離が表示されるようになります(**写真1-G**)．

一方，自局位置について，初期値でも音声と同時に送信する設定になっていることがあります．

位置情報の送信をやめるには，LOCATION SERVICE設定(SETUP→TX/RXメニューの中にある)をOFFにします．

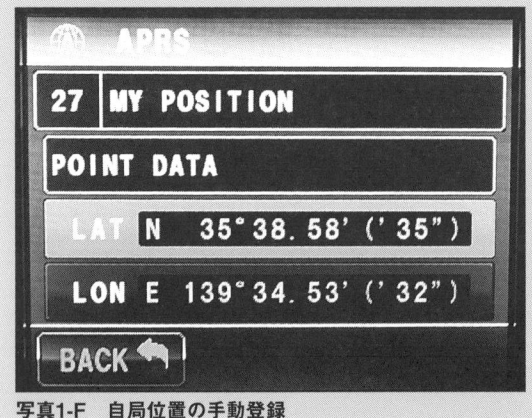

写真1-F　自局位置の手動登録

写真1-G　局間距離や電波の到来方向の表示

第1章　WIRES-X 入門

図1-11　ALL JA CQ ROOMに接続した状態のWIRESソフトウェア画面

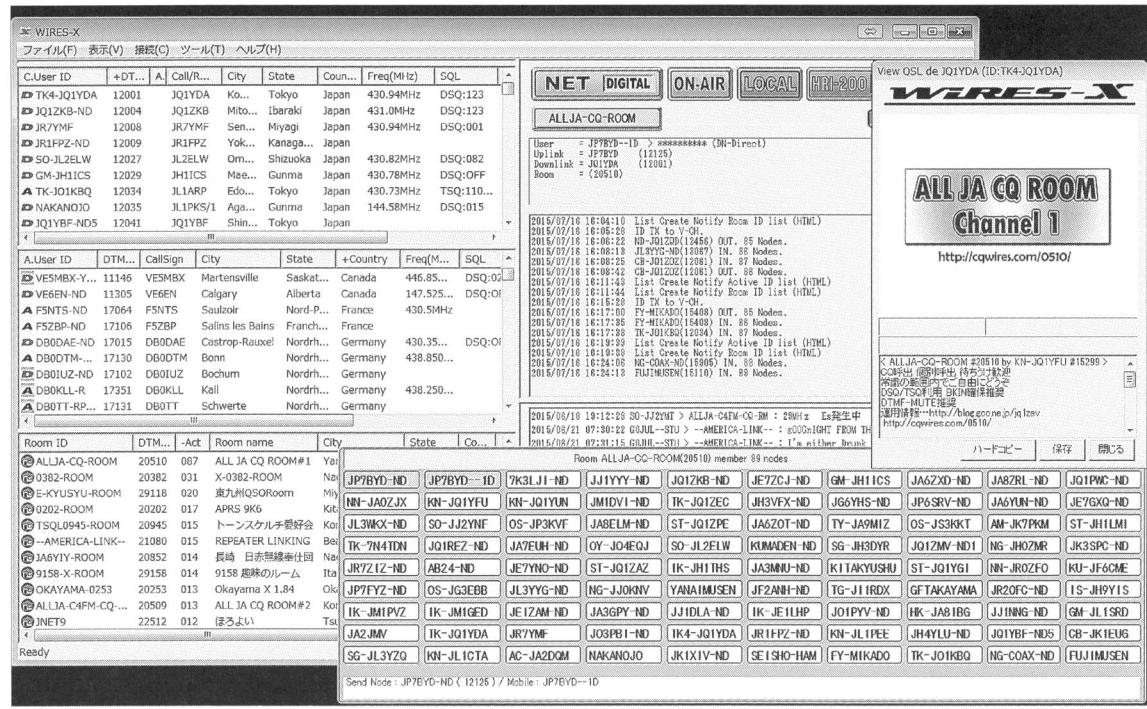

ALL JA CQ ROOMへのアクセス手順【C4FM編】

　WIRES-Xは，ほかの人が開設したノード（ローカル・ノード）を使って交信することもできます．

　電波が届きそうなノードを探して交信してみましょう．ノードの見つけ方や選び方はp.23で既出ですが，WIRES-X IDリストのコメント欄に，「ご自由にお使いください」と書かれているようなノードを見つけるのがポイントです．

　次に，デジタル（C4FM）運用のローカル・ノードを見つけたあとの操作を案内します．流れとしては以下のようになります．

【1】ローカル・ノードの周波数に合わせる

　http://jq1yda.org/i/でも調べられます．

【2】ローカル・ノードに接続する

　すでに接続されていることもあります．

【3】ローカル・ノードとルームを接続する

　機種により，若干操作が異なります（後述）．

コラム1-5　ALL JA CQ ROOMにおける「マナー」

　ALL JA CQ ROOMでは「CQが出せる広域レピータ」のように使われていますから，連続して長い時間交信することを避ければ「PTTスイッチのオン/オフのタイミングに注意すること」を意識すれば，特に問題ありません．

■慣習で培われてきた主なマナー
- 多くの人がワッチ，待ち受けしていることを意識した交信を．
- 1回の交信が終わったら，ほかに使いたい局のためにしばし待機するなどの配慮を．
- 交信中は，相手局の送信が終わったあと，ひと呼吸おいてから（1〜3秒ぐらい）送信を始める．
- 送信を終わるときは，ひと呼吸おいてからPTTスイッチをオフにする．
- 過剰な挨拶は不要（「ルームをお借りします」など）．

WIRESパーフェクト・マニュアル　29

【4】CQを出したり，待ち受けてCQに応答する

自動的に接続が解除される場合があります．

【5】ルームとローカル・ノードの接続を解く

【3】の操作がなかったときは操作不要．

【6】ローカル・ノードと自局の接続を解く

無線機を通常動作に戻します．

続いて，機種ごとの接続・切断操作方法をまとめます．

機種別ノード・アクセス手順①【C4FM編】ハンディ・トランシーバ"FT1D"

【1】Aバンドにローカル・ノードの周波数を設定し，[Dx]キーを押してDNモードにする．

【2】[Dx]キーを長押しして，ノードに接続する．

【3】[ENT]キーを長押ししてカテゴリー・リストを表示させ，ダイヤルで「ALL」を選び[ENT]キーを押す．

【4】ダイヤルで「ALLJA-CQ-ROOM」を選択し，[ENT]キーを押す．

【5】経路が確立（接続）される（この表示になったら交信可能）．

【6】ダイヤルを回して「BACK」を選び，[ENT]を押すと，①-【7】の表示になる．

【7】ルームの接続解除は，[BAND]キーを長押し．

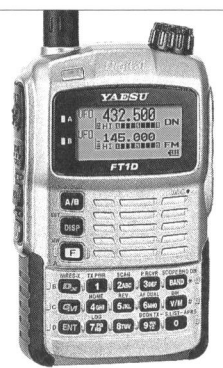

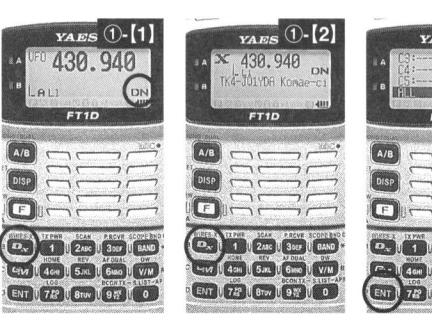

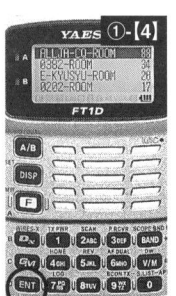
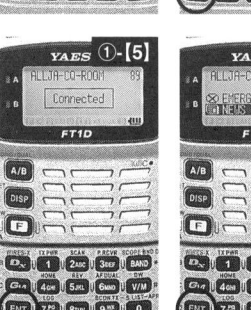
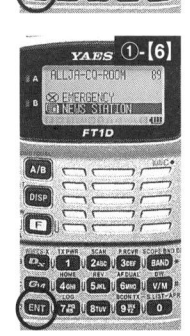

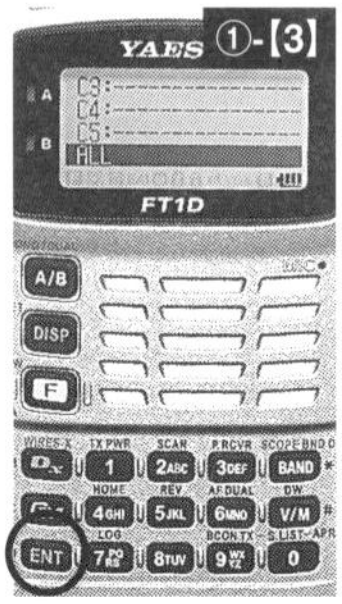

機種別ノード・アクセス手順②【C4FM編】ハンディ・トランシーバ"FT2D"

【1】Aバンドにローカル・ノードの周波数を設定し，「MODE」をタップしてDNモードにする．

【2】[X]キーを押し，ノードに接続する．

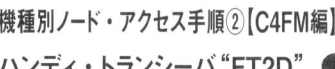

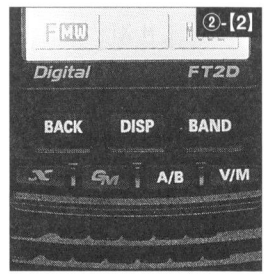

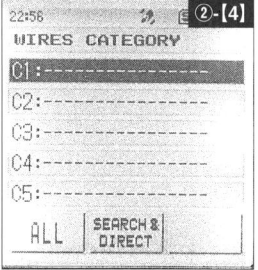

第1章　WIRES-X 入門

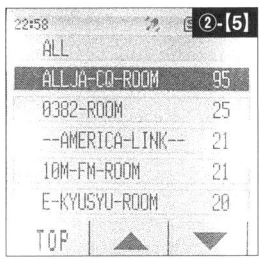

【3】「SEARCH & DIRECT」にタップ（カテゴリー・リストを表示）.

【4】「ALL」をタップ.

【5】「ALLJA-CQ-ROOM」をタップ.

【6】経路が確立（接続）される（この表示になったら交信可能）.

【7】ルームの接続解除は，[BAND]キーを長押し.WIRESアクセスの終了は[X]キーを長押し.

【3】カテゴリ・リストが表示されるので「ALL」をタップ.

【4】「ALLJA-CQ-ROOM」を選んでタップ.

【5】この表示になったら交信可能.「BACK」をタップすると通常画面になる.

【6】ルームの接続解除は，マイクの[＊]を長押し.WIRESアクセス終了は[Dx]キーを長押し.

機種別ノード・アクセス手順③【C4FM編】モービル・トランシーバ"FTM-400D/DH"

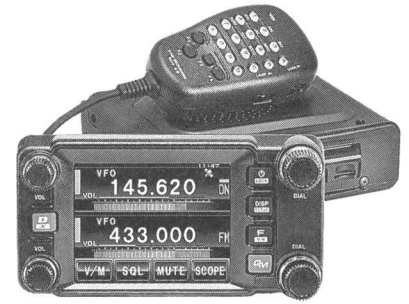

【1】Aバンド（上側）にローカル・ノードの周波数を設定.

【2】[DX]キーを長押しして，「▼」をタップ.

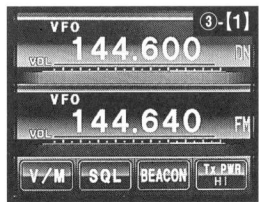
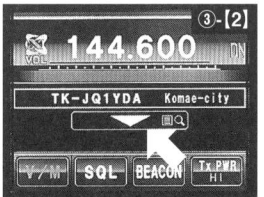

機種別ノード・アクセス手順④【C4FM編】モービル・トランシーバ"FTM-100D/DH"

【1】Aバンドにローカル・ノード周波数を設定.

【2】[Dx]キーを長押し，[BAND]キーを長押し.

【3】ダイヤルで「ALL」に合わせて，[DISP]キーを押す．

【4】「ALLJA-CQ-ROOM」を選択後，[DISP]キーを押す．

【5】この表示になれば交信可能．

【6】ルームの接続解除はマイクの[＊]を長押し．

④-[2]

④-[3]

④-[4]

④-[5]

④-[6]

WIRESアクセス終了は[Dx]キーを長押し．

機種別ノード・アクセス手順⑤【C4FM編】
HF/50/144/430MHz帯オールモード・トランシーバ"FT-991/M/S"

【1】ローカル・ノードの周波数に合わせて，[MODE]キーを押し，C4FMモードに設定．

コラム1-6　ローカル・ノードがすでにルームやノードに接続中の場合

ローカル・ノードに接続すると，**写真1-H**のような表示が出ます．ノードIDが表示されている上段（**写真1-H，①**）には，自局の音声や操作を受け取るローカル・ノードのノードIDと運用場所（市郡区単位）が表示されます．ルームIDが表示されている下段（**写真1-H，②**）には，ルーム名やノード名（ルームIDやノードID）と，ルームの場合は接続局数が表示されます．

この②の部分が空欄または点滅していたり，灰色で表示されている場合は，ローカル・ノードはどこにも接続されておらず，待機状態です．

一方，下段の部分が点滅せず，または白色で表示されていたら，そこに表示されているルームやノードにすでに接続されていますから，これ以降の操作はせずに交信可能です．

ただし，ALL JA CQ ROOM以外のルームに接続されている場合は，仲間内で楽しむことをテーマにしたルームの場合があるので，しばしワッチして観察したり，場合によっては，ほかのノードで再チャレンジすることをお勧めします．

すでにどこかと接続されているノードは，自局が使い終わったら，「すでに接続されていた」ルームやノードに接続を戻しておくと親切です（必須ではない）．

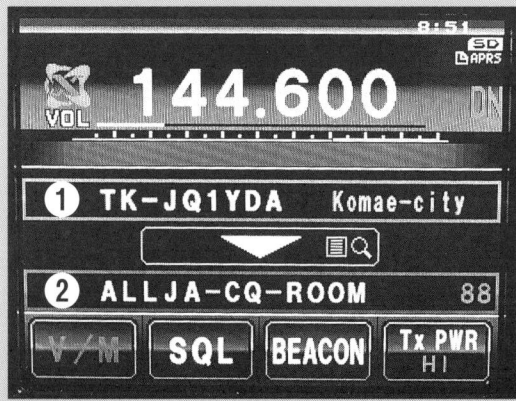

写真1-H　ローカル・ノードに接続したFTM-400Dの画面
下段②の部分に接続中のルームまたはノードIDが表示される
（この場合は"ALLJA-CQ-ROOM"）

32　WIRESパーフェクト・マニュアル

第1章　WIRES-X 入門

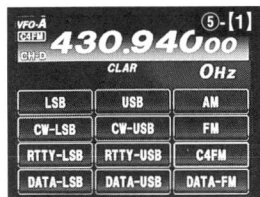
⑤-【1】

⑤-【2】

⑤-【3】

⑤-【4】

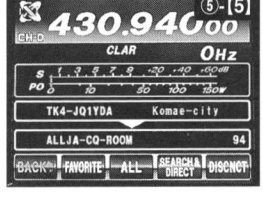
⑤-【5】

⑤-【6】

【2】[F]キーを押し、「X」をタップ(「FWD」、「BACK」でメニューを切り替えて「X」を探す).

【3】「ALL」をタップ.

【4】表示されたリストから「ALLJA-CQ-ROOM」をタップ.

【5】この表示になれば交信可能.

【6】ルームの接続解除は、「DISCNCT」をタップ.「BACK」をタップすると通常の状態に戻る.

ALL JA CQ ROOMへのアクセス手順【FM編】

FMモードでノードをアクセスする場合、DTMF(いわゆるピポパ音)で接続/切断の操作を行います.

トーン・スケルチに対応し、DTMFが送信できるFMトランシーバ(メーカー問わず)からアクセスできます(トーン・スケルチが必要な理由は**コラム1-7**参照).トーン・スケルチやDTMFの仕様は統一されているので、無線機の製造メーカーがどこであろうと関係なく、WIRES-XのFMノードを利用して交信できます.

次に、その手順を示します.機種により異なる設定項目と操作方法は**表1-2**に示します.

【1】運用周波数とスケルチ情報を調べる.

FMモード(ANALOG)で運用するノードの運用周波数、SQL欄の"TSQ:"または"DCS:"の別と、

表1-2　機種別設定操作一覧

機　種	スケルチ・タイプ選択	トーン周波数設定	DCSコード
FT-991/M/S	[F]→SQL	[F]→TONE	[F]→DCS
FTM-400D/DH	[F]→SQL	[DISP]長押し→SIGNALING→TONE SQL FREQ	[DISP]長押し→SIGNALING→DCS CODE
FT-100D/DH	[DISP]長押し→SIGNALING→SQL TYPE	[DISP]長押し→SIGNALING→TONE SQL FREQ	[DISP]長押し→SIGNALING→DCS CODE
FT1D	[DISP]長押し→SIGNALING→SQL TYPE	[DISP]長押し→SIGNALING→TONE SQL FREQ	[DISP]長押し→SIGNALING→DCS CODE
FT2D	[DISP]長押し→SIGNALING→SQL TYPE	[DISP]長押し→SIGNALING→TONE SQL FREQ	[DISP]長押し→SIGNALING→DCS CODE

コラム1-7　DSQやトーン・スケルチを使う理由

ノードを使って交信するために、なぜ[Dx]キーを長押ししたり、FMの場合はトーン・スケルチを設定しないといけないの?と思うかもしれません.

理由は、ノード側では、受信した電波がノードを利用することを意図した電波なのかを判定するためにC4FMならDSQ(デジタル・スケルチ)、FMはトーン・スケルチまたはDCS(デジタル・コード・スケルチ)を利用しているからです.

このことは、ほかのノードがS=1ほどで入感していても、特に問題なく周波数を共用できる効果を生み、事実上の周波数の共有、効率化につながっています.トラブル防止の効果もあるので、ぜひ設定しましょう.

図1-12 WIRES-XアクティブIDリストの「周波数」と「SQL欄」
ノードの運用周波数とアクセスに必要なスケルチ種別と設定内容がわかる

430.94MHz	TSQ:123.0Hz

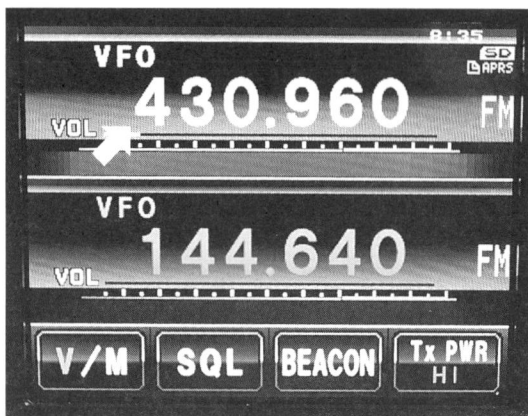

写真1-16 運用モードと周波数の設定
FMモードにしてローカル・ノードの周波数を設定

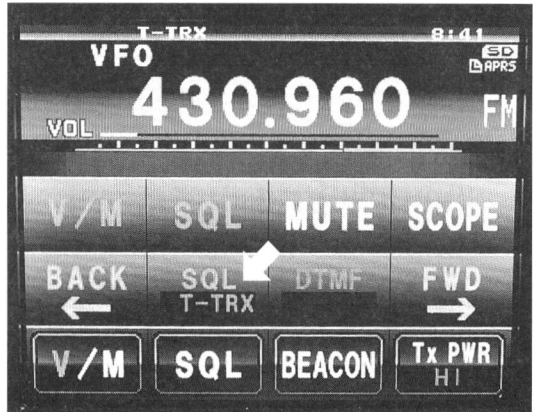

写真1-17 スケルチ・タイプの設定
FTM-400Dの場合は，SQLをT-TRX(トーン・スケルチ)またはD-TRX(DCS)に設定する

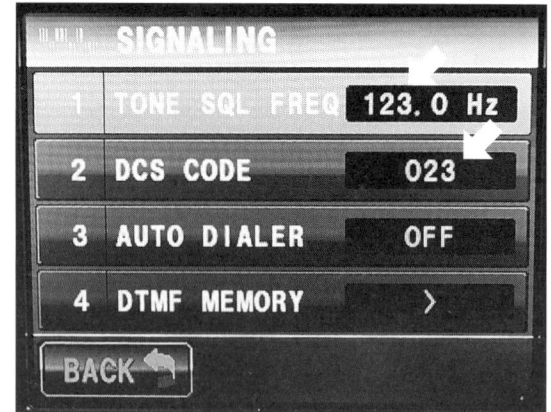

写真1-18 トーン周波数/DCSコードの設定
FTM-400Dの場合は，トーン周波数を「TONE FREQ」で，あるいはDCSコードを「DCS CODE」で設定する

写真1-19 DTMFを送信して接続操作
#99999のあと，接続したいルームやノードのDTMF ID番号を#に続けて送信

その右側に書かれた数値(トーン周波数またはコード番号)を調べる(**図1-12**).

【2】FMモードに設定して周波数をセット．

　【1】で調べたノードの周波数に設定(**写真1-16**).

【3】スケルチ・タイプを選択．

　【1】で調べたスケルチ情報がTSQの場合は「SQL TYPE」を"TONE SQL"にセット．"DCS"の場合は"DCS"にセット(**写真1-17**，**表1-2**).

【4】トーン周波数/コード番号をセットする．

　スケルチ情報がTSQの場合は「TONE QSL FREQ」を，DCSの場合は「DCS CODE」を【1】で調

第1章　WIRES-X 入門

べた数値(トーン周波数またはコード番号)に設定(**写真1-18**,**表1-2**).

【5】DTMFでノード/ルーム番号を送信．

PTTスイッチを押しながら，マイクやトランシーバのテンキーで"＃99999"と押してから，いったん送信をやめ，2～3秒経過したあとに，再びPTTスイッチを押し，接続したいルームのDTMF ID"＃20510"を押す(**写真1-19**,**表1-3**)．

接続されると，ノードから接続された旨のアナウンス(例："This is JQ1YDA WIRES-X connected to 20510.")が送信される．

【6】交信を行う．

接続後は，CQを出したり，待ち受けたり，知り合いを呼び出すなどして，通常のFMモードによる交信と同じように交信する．

【7】待ち受けや交信が終わったら，接続を解除．

＃99999(＃に続けて9を5回)押す．ププププという断続ビープ音が聞こえたら接続終了．

ALL JA CQ ROOM以外のルームやノードへの接続

■ ルーム・チェンジの必要性

WIRES-Xでは，ALL JA CQ ROOMのほかにも，さまざまなテーマで数多くのルームが稼動しています．本書では，まずALL JA CQ ROOMを例示しましたが，ほかのルームにも接続して交信にチャレンジすると，また違った楽しみが見えてくるでしょう．

また，ALL JA CQ ROOMでの交信で話が盛り

表1-3　WIRES-Xノード局DTMF制御コマンド・リスト

機　　能	コマンドの構文	機　　能	コマンドの構文
接続	＃ノード番号(5桁の数字)	切断	＃99999または＊(※)
状態確認(※)	＃66666	再接続機能ON/OFF(※)	＃55555

※ ノード局の設定によっては動作しない場合がある．

コラム1-8　お勧めルーム一覧

WIRES-Xのルームは個人や社団が自由にいつでも開設・変更できるので，数多く開設されています．その中でもお勧めできるルームを紹介します．

■ **ALL JA C4FM CQ ROOM(DTMF ID：20509)**

ALL JA CQ ROOMと同じルール・管理形態で運用されています．ALL JA CQ ROOMはデジタル(C4FM)とアナログ(FM)どちらのノード局でも接続可能ですが，ALL JA C4FM CQ ROOMではデジタル(C4FM)のノード局の接続を推奨しています．ALL JA CQ ROOMが停止している場合や災害などで被災してしまった場合は，20510ルームの代替ルームとして動作します(その場合はFMノードも接続可能)．

■ **0382-ROOM(DTMF ID：20382)**

愛知県名古屋市のJO2JNJ 高下さんが運用しているルームで，WIRES-II時代から人気がある0382ルームのWIRES-X版です．ラグチューが盛んで，アクティビティーが高いのが特徴．主に名古屋近郊の人たちが集い，2009年から毎月行っている珈琲アイボール会で親睦を深めています．掲示板…http://9327.teacup.com/jo2jnj/bbs

■ **0789-ROOM(DTMF ID：20789)**

東北地方の皆さんが集うルームで，東日本大震災のときにWIRES-IIでネットワークを構築した皆さん(三陸復興ネットワーク)の通信網です．

■ **TEAM0949-ROOM(DTMF ID：20949)**

関西地方の皆さんが集うルームで，京都府のJE3MXU 松本氏が主催しています．WIRES-IIおよびWIRES-Xのサポートで定評あり．WIRES-IIの＃0949ルームとつながっています．
http://9308.teacup.com/team0949/bbs/index/all

■ **--AMERICA-LINK--(DTMF ID：21080)**

北米エリアを中心としたノードが接続されています．現地のV/UHFレピータで展開されている交信に参加することができます．英語が堪能な方にお勧め．

■ **CQ-EUROPE(DTMF ID：27000)**

ヨーロッパのWIRES-Xノードが集まっています．最近はノルウェーの局が集まっています．

上がり，もう少し時間をかけて交信したいと思ったときなど，交信相手が利用しているノードに直接接続を行うか，別の空いているルームにつなぎ替えて（ルーム・チェンジ）交信を続ければ，気兼ねなく交信できます．

■ ルーム・チェンジを行うには？

C4FMでノードをアクセスしている場合には，接続先のルームを選ぶ場面（**写真1-20**，前述の「アクセス手順【C4FM編】」も参照）で，接続したいルームやノードを再び選べばOKです（詳しくは第2章で説明）．

FMでノードをアクセスしている場合は，いったん接続を解除して（コマンド：#99999を送信），接続したいルームやノードのDTMF ID番号を#に続けて送信します（例：#20509）．動作中

写真1-20　ルームやノードを選ぶ場面
ここで接続したいルームやノードを選ぶ．この状態では999件表示されるので，SEARCH & DIRECTで絞り込み検索を行う（詳しくは第2章）

のノードやルームのDTMF IDは「WIRES-X IDリスト」で調べられます．調べ方については，本誌p.23～をご覧ください．

コラム1-9　WIRES-X ノード・アクセス Q & A

Q1：確実にアクセスできるノードのはずなのに，C4FMで[Dx]キーを押してもノードから反応がありません．
A1：ノードが停波しているか，ノード側で混信の恐れがあり，送信を待っています（スケルチが開いている）．しばらく経ってからもう一度試すとよいでしょう．
Q2：交信中に伝搬状況が悪化し，交信もノード操作もできなくなってしまいました．接続を解除しなくても大丈夫でしょうか？
A2：特に問題ありません．電波伝搬の関係で，途中で操作ができなくなることは想定の範囲内です．
Q3：ルームに接続しても，一定時間が経過すると接続が解除（DISCONNECT）されてしまいます．なぜでしょうか？
A3：ノード局によっては，一定時間経過後に自動的に接続が解かれる設定になっています．デジタル・ノードの場合は，カーチャンク（PTTスイッチを押して，すぐに離す）すると，接続していたノードやルームに再接続できます．

Q4：交信が終わったので別のルームに接続したい．いちいち接続を解除してからつなぎ直すのでしょうか？
A4：アナログ・ノードかデジタル・ノードかにより異なります．FMで運用しているノードの場合，DTMFで#99999を送信して接続を解除したあと，あらためて接続したいノードまたはルームのDTMF ID番号を送信します（例：#20510）．C4FMで運用しているノードの場合は接続を解除する必要はなく，ALLまたはSEARCH & DIRECTで接続したいノードやルームを選び直せばOKです．
Q5：C4FMでWIRES-Xノードを利用しています．FMでWIRES-Xを利用する局のコールサインが，その局がアクセスしているノードのコールサインになっています．動作がおかしいのでしょうか？
A5：正常です．FMでWIRES-Xをアクセスする局のコールサインは，その局がアクセスしているノードのノードIDに置き換わって表示されます．

第1章　WIRES-X 入門

WIRESユーザーの声 ②
初めての交信はワイヤーズでした

JI1BTL　水田 かおり　Kaori Mita（JQ1ZKB FMぱるるんアマチュア無線クラブ）

　私がアマチュア無線に興味を持ったのは，2011年3月11日に発生した東北地方太平洋沖地震（東日本大震災）がきっかけでした．携帯電話もなかなか通じず，誰とも連絡がとれず，このとき，唯一使えた外部との連絡手段は，「FMぱるるん※」の放送局長が趣味でやっていたアマチュア無線でした．あの非常事態のときの情報収集にとても役立ったことを鮮明に覚えています．

　そんなことがきっかけで，スタッフみんなで免許を取得しよう！ということになり，無線従事者の国家試験を受けたのが2014年2月．2014年7月には，社団局として「FMぱるるんアマチュア無線クラブ（JQ1ZKB）」を立ち上げ，茨城県水戸市でWIRES-Xのノードの運用も始めました．

　初めて無線で交信したのが，WIRES-Xでという私です．

　2014年9月からアタッシュ・ケースに組み込んだWIRES-Xノードを作りました．ノート・パソコンにモバイル・インターネット回線を使った，自分専用のノードです．ハンディ機（FT1D）でこのノードにアクセスして交信しています．

　これの良いところは，モバイル・ルータでアクセス可能な所ならば，いつでもどこでも起動して，ハンディ機で交信ができる点です．

　仕事柄，全国を飛び回っているので，特に車で移動することが多い私は，高速道路での移動中，トンネルに入っても交信できるので，とてもうれしいです．

　移動が長距離のためどうしても眠くなるので，そのときにもWIRES-Xが大活躍しています．

　車で移動中は，車から電源を供給していますが，車から離れてもバッテリと組み合わせ，簡単に持ち運べるノード局（＝移動ノード）に仕上げました．数時間なら交信可能です．難点は，飛行機で移動するときは，バッテリを持って行けないことぐらいです．そのときは現場へ先に宅配便で送るなどして対応しています．

　移動ノードを始めたばかりのころは「走っている車の中からマイ・ノードで出ています」と，お話をすると，皆さん「どうやっているのですか，教えてください」と，聞いてくる方が多数いらっしゃいました．「私まだ，無線を初めて数か月なのですが……　えっと～，モバイル・ルータを使って……」などと，ベテランの方にお話しする場面も多々ありました．

　私たち初心者には，このWIRES-X（C4FMデジタル）というのは，コールサインが表示されること，これが一番うれしいです．まだまだ不慣れでコールサインが聞き取れないことが多いのですが，WIRES-Xは無線機のディスプレイにコールサインを表示してくれるので，怖がらずどんどん交信できます．

　たまに，アナログの方がいるとコールサインが表示されないので，慌ててしまいますが……．これから無線を始めたい方や女性の方にも，オススメです．

　無線を通じて，たくさんのお友達もできました．また，仕事で出かけた先で連絡を取り合い，アイボールやQSOもさせていただいています．

　今までにはなかった楽しさが，「無線」というものにはたくさんあります．まだまだ女性の少ない世界ですが，無線は怖くないよ，たくさんのお友達もできて，いろいろな年齢の方ともお話ができる，とてもステキな趣味ですよ，と，もっともっとアピールして仲間を増やしていきたいと思っています．

※ FMぱるるん……茨城県水戸市にあるコミュニティFM放送局（76.2MHz）

第2章

デジタル・ノードを自由自在に操る

第1章では，入門編としてALL JA CQ ROOMに接続する方法を例示して説明しましたが，ほかにもたくさんのルームやノードがあります．この章では，これら数多くの接続先を自由自在に切り替えて交信を楽しむために，もう少し詳しく説明します．

2-1　WIRES-Xデジタル・ノード 操作の基本

　WIRES-Xで交信するには，最寄りのノード局に接続してから，検索→接続→交信→切断→終了の六つの手順で行います．この操作を効率的にこなすため，操作体系にはさまざまな工夫が盛り込まれています．本章では便宜的にFTM-400D/Hによる操作で説明しますが，他機種については，第6章 資料編（p.114～）の操作早見表にまとめます．

デジタル・ノード操作の基本的な流れ

　おさらいになりますが，WIRES-Xのデジタル・ノードの場合，交信するためには次の二つの接続を行う必要があります．

① ローカル・ノードと自局との接続
　　ローカル・ノードを自局の制御下に置くための接続

② ローカル・ノードの接続
　　交信するための，ローカル・ノードとほかのノードまたはルームとの接続

　具体的な操作は，次のとおりです（八重洲無線FTM-400D/Hの場合）．

【1】ローカル・ノードへの接続

　[Dx]キーを長押しし，ローカル・ノードに接続してそれを操作（制御）できるようにします．

第2章　デジタル・ノードを自由自在に操る

【2】ローカル・ノードを，ルームまたは
　　ほかのノードに接続

ローカル・ノードをほかのノードやルームに接続し，接続した状態で具体的な交信を行います．ほかの人がすでに接続操作済み，または特定のルームに常時接続されている場合もあります．その場合は，何もしなくても聞こえてきた局との交信が可能です．

【3】ローカル・ノードの他ノード，ルームとの
　　接続を解除する

　交信が終了して，ルームやノードとの接続を解除したいときに行います．
　マイクの［＊］を長押しします．ほかの人によりすでに接続済み，または特定のルームに常時接続されている場合は，切断しなくてもOKです．

【4】ローカル・ノードへの接続終了

　［Dx］キーを長押しします．ローカル・ノードの制御（操作）をやめ，トランシーバを通常の動作に戻します．

2-2　接続先の探し方いろいろ

接続先を指定する方法は4種類

　ローカル・ノードに接続したら，ローカル・ノードをほかのノードやルームに接続しますが，接続先となりえるノードやルームは相当な数に上ります．この中から接続先を選び，ちゃんと接続できるように，WIRES-Xには接続先を効率良く探したり指定できる機能が4種類付いています．お勧めの利用シーンを交えながら紹介しましょう．

■ ALL検索

　接続ノード数が多い順に表示され，その中から選びます．

WIRESパーフェクト・マニュアル | 39

■「SEARCH & DIRECT」

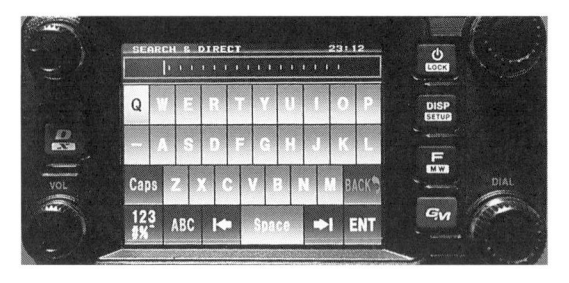

User IDを文字入力で検索して表示，その中から選びます．

■「DTMF ID指定」

5桁のDTMF IDを直接入力して接続します．

■「CATEGORY」

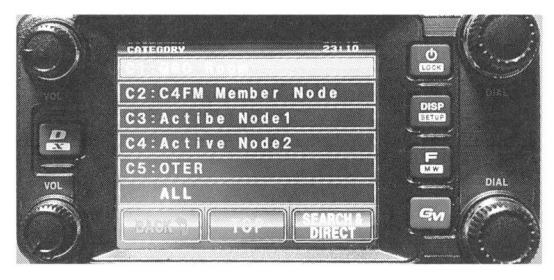

あらかじめメモリしておいたルームやノードの中から選びます（メモリは5カテゴリ，100件まで）．

続けて，すでにローカル・ノードに接続（アクセス）できている状態と仮定して話を進めます．

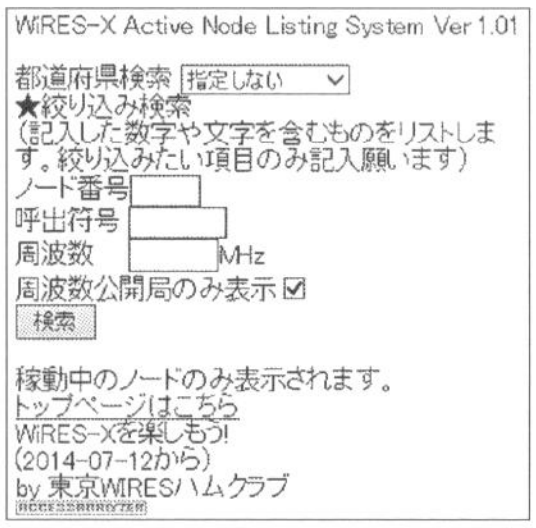

ローカル・ノードは，ノード検索サイト（**図2-1**）などで調べることができます．

> **多くの人と交信したい人向け**
> **接続件数の多いルームを順に表示する「ALL検索」**

この検索方法は，ルームに接続されているノード数が多い順にリストされますから，不特定の人と交信するにはもってこいです．操作もシンプルです．

■ ALL検索手順

【1】［Dx］を長押しして，ローカル・ノードに接続している状態で「▼」にタップします．ローカル・ノードのメニュー・リストが表示されます．

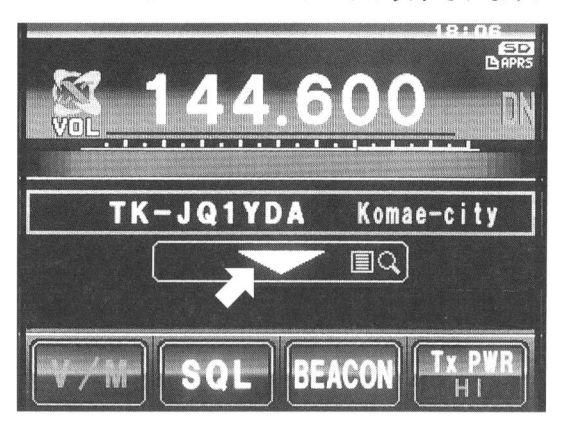

【2】DIAL(A)を回して，緑色のカーソルを「ALL」に合わせ，DIAL(A)を押します（または画面をタップ）．接続件数の多いルーム順に表示されます．

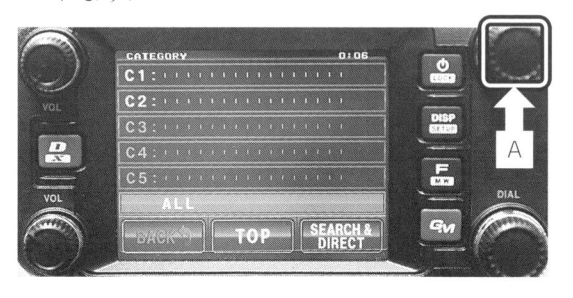

図2-1　WIRES-Xノード検索
http://jq1yda.org/i/db-x/index.html

第2章　デジタル・ノードを自由自在に操る

【3】DIAL（A）を回して，接続先を選択し，DIAL（A）を押して（または画面にタップして）確定すると接続されます．

User IDで「あいまい検索」ができる「SEARCH & DIRECT」

USER IDは，コールサインとは別に，ノード・リストの一番左側の列に表示されている，"TK-JQ1YDA"のような文字列で，10文字以内でユーザーが自由に決められます．

このIDから，あいまい検索で目的のルームやノードを簡単に探し出すことができます．この検索方法は，交信したいノードを探し出すときにとても便利です．

ノード・トゥ・ノードでの交信は交信相手のノードに直接接続するので，ルームとは違って長時間，気兼ねなくQSOを楽しめます．

先に紹介した「ALL検索」は接続件数が多いルームを検索するのには向いていますが，User IDやRoom IDの最初の2～3文字がわかるなら「SEARCH & DIRECT」による検索方法もお勧めです．

例えば，埼玉県のノードにはUser IDの頭に"ST-"と書いてある局が多くいます．このST-とはSSコード（地域コード）といい，APRSで使われている都道府県略号です．そのノード局の運用地を表す符号として，WIRES-Xの世界で定着しだしています．このSSコードをキーに検索するのです．詳細はp.109を参照願います．

■ SEARCH & DIRECT検索の手順

【1】[Dx]キーを長押しし，ローカル・ノードに接続している状態で「▼」をタップします．

コラム2-1　ALL検索をアクセス履歴順にするワザ

トランシーバの「WIRES」のセットアップ・メニュー内にある「SEARCH SETUP」を「HISTORY」に変更することで，ALL検索結果の表示順をアクセス履歴に変更することができます．
1. [DISP]キーを長押しします．
2. 「WIRES」のセットアップ・メニューをタップします．
3. 「2 SEARCH SETUP」をタップします．
4. 「ACTIVITY」をタップして「HISTORY」に変更します（**右写真**）．一覧の表示順がアクセス履歴順で表示されるようになります
5. [DISP]を長押しします．

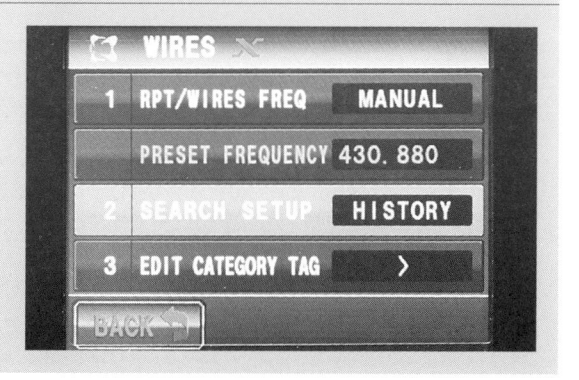

WIRESパーフェクト・マニュアル | 41

【2】ローカル・ノードのメニュー・リストが表示されます。

右下の「SEARCH & DIRECT」をタップして、文字入力モードにします。

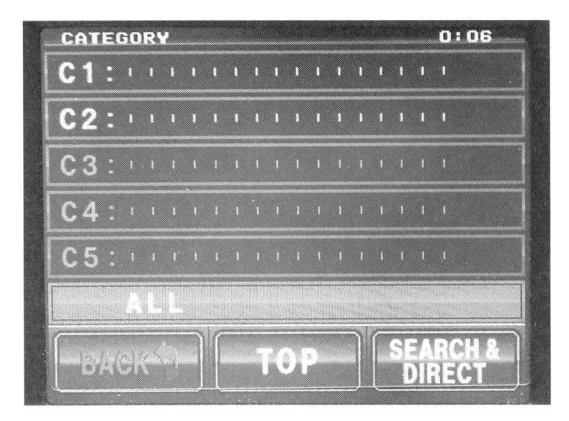

【3】例えば、埼玉県のノードを検索したいときは、「S」「T」「-」→「ENT」の順にタップします。ノード局からデータが送られてきて、頭にST-が付くノードやルームが表示されます。

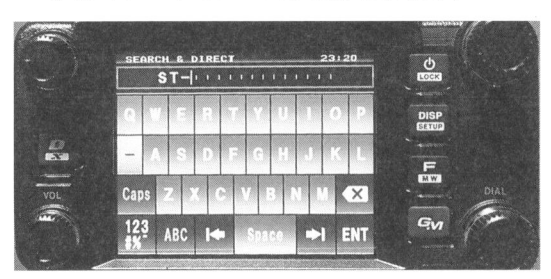

【4】接続したいノードまたはルームをタップして選択したあと、もう一度タップするとつながります。ノード局をタップした場合は、ノード・トゥ・ノードで接続されます。

アナログ・ノードのように ノード番号（DTMF ID番号）を入力して接続する

アナログ・ノード（FMモードで運用するノード）は、DTMF ID番号でノードを特定します。それと同じように、デジタル・ノードでもDTMF ID番号を指定して接続することができます（DTMFで接続するわけではない）。よく使用するルームやノードのDTMF IDを調べておくと、直接マイクのキーを押すことで簡単に接続できます。

例えば、ALL JA CQ ROOMの場合、DTMF IDは#20510になります。さらに、TK-JQ1YDAノードのDTMF IDは#15260になります。

■ DTMF IDによる接続

【1】[Dx]を長押しし、ローカル・ノードに接続している状態で「▼」をタップすると、ローカル・ノードのメニュー・リストが表示されます。

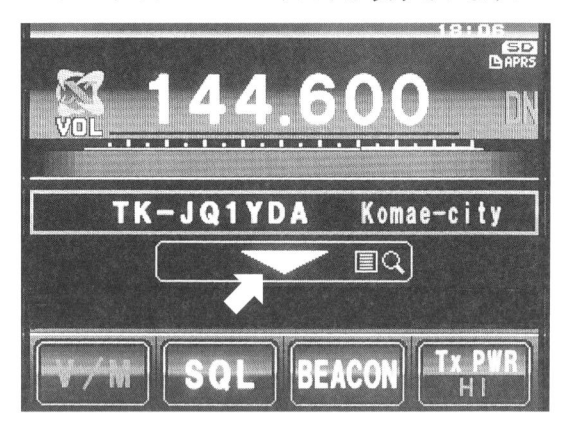

【2】マイクの[#]を長押しすると、DTMF IDの入力画面が表示されます。

例えば、ALL JA CQ ROOMに接続する場合は、[#]を長押しし、[2][0][5][1][0][#]と

第2章　デジタル・ノードを自由自在に操る

表2-1　カテゴリ入力内容例

カテゴリ番号	入力例
C1	QSO ROOM
C2	HF User Node
C3	Riders Node
C4	Active Node
C5	OTHER

順番に入力すると接続されます.

> **一度使ったらやめられない！**
> **よく使うルームやノードをブックマーク**

　使用頻度の高いルームやノードをカテゴリ別に分類し，登録，簡単に呼び出せるようにすることで，さらに使いやすくします.

　五つのカテゴリに，それぞれ20件がブックマーク（プリセット）可能なので，全部で100件登録できます.

　カテゴリ名（カテゴリ・タグ）は，トランシーバのSET MODE（セット・モード）で設定します. まずは「C1」～「C5」の五つのカテゴリ名を決めて登録しましょう. **表2-1**はカテゴリ名の例です. あえてカテゴリ名を登録しなくても使うことはできますが，やはり名称が付いていたほうが便利です.

■ カテゴリ名を登録する

【1】[DISP]を長押し, SETUP MENUを表示させます.

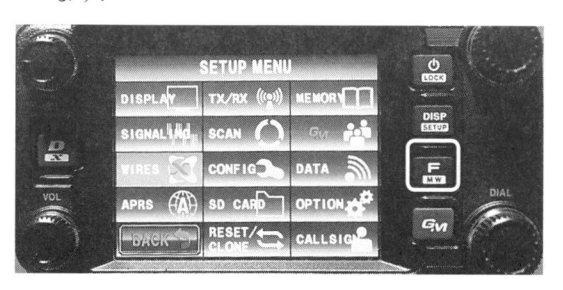

【2】「WIRES」をタップ. WIRES-Xメニュー・リストが表示されます.

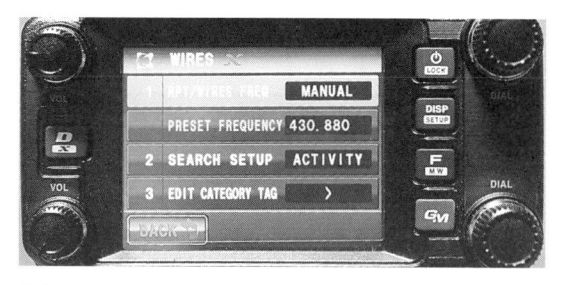

【3】「3 EDIT CATEGORY TAG」を選択します.

【4】「C1」～「C5」のカテゴリ・タグを選択します. 文字キーにタッチして「カテゴリ名」を入力します.

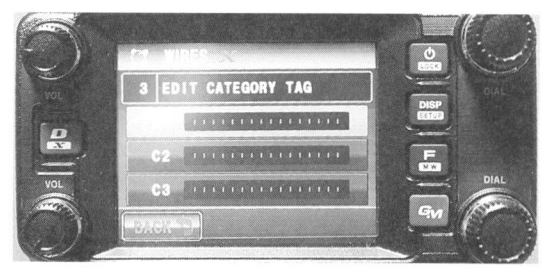

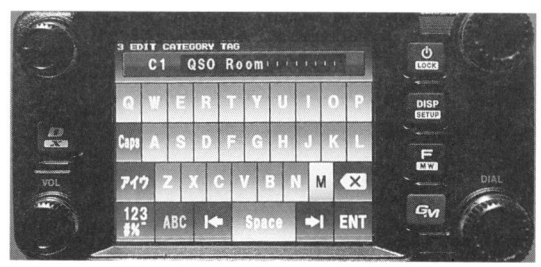

WIRESパーフェクト・マニュアル | 43

【5】「ENT」を押して入力を完了します.「カテゴリ名」の入力がすべて終了したら,[DISP]を長押しするか,「BACK」で元の画面に戻ります.

■ 接続先のカテゴリ登録

接続先のルームやノードを登録します.

【1】接続先を表示する画面で「▼」にタップします. ローカル・ノードのメニュー・リストが表示されます.

【2】「ALL」または「SERCH & DIRECT」で接続先を検索します.

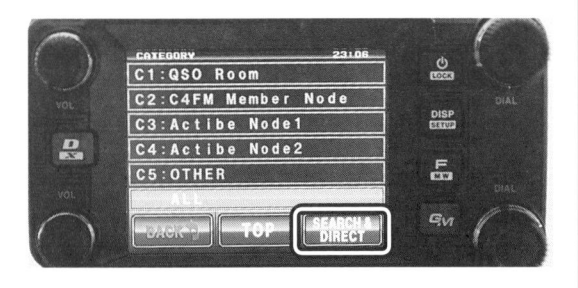

【3】接続が完了したら,接続先の名前をタップします.

【4】「ADD」にタップすると,カテゴリ・リストが表示されます.

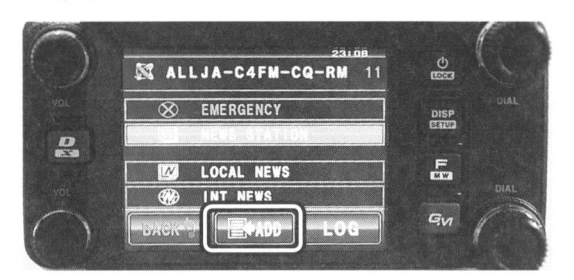

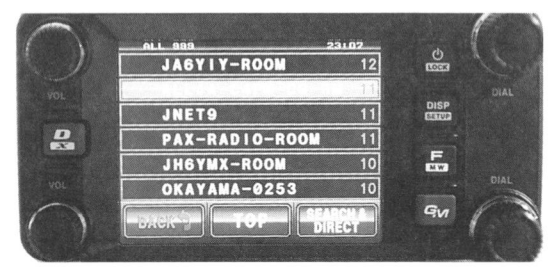

【5】登録したいカテゴリを選択します.

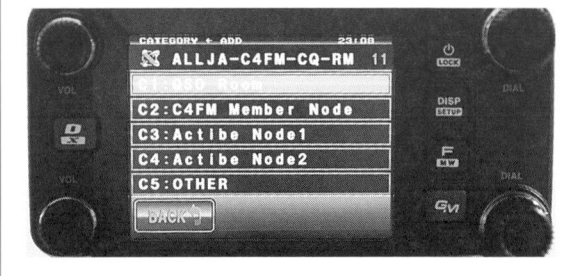

44　WIRESパーフェクト・マニュアル

第2章　デジタル・ノードを自由自在に操る

【6】カテゴリをもう一度タップするか，DIAL（A）を押すと入力が完了します．

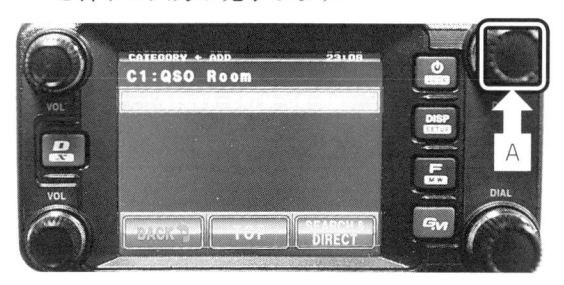

■ **カテゴリを使った接続**

さっそく，登録したカテゴリを使ってルームに接続してみましょう．

【1】接続先を表示する画面で「▼」にタップします．ローカル・ノードのメニュー・リストが表示されます．

【2】接続したいカテゴリをタップします．

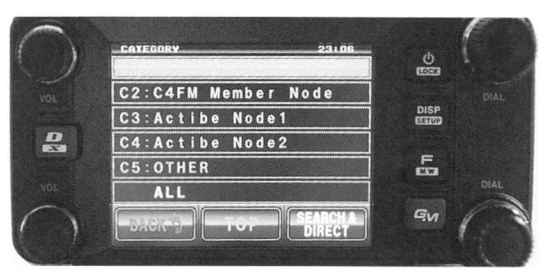

【3】接続先をタップします．

【4】接続先をもう一度タップするか，DIAL（A）を押して接続します．PTTスイッチを押してすぐに離す（＝カーチャンク）動作でも接続できます．

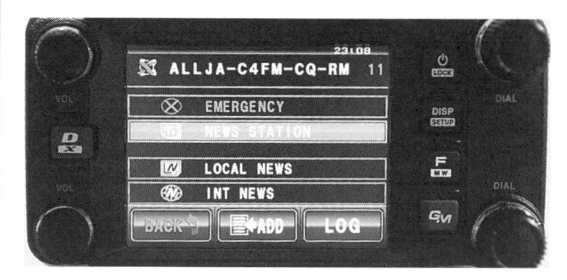

【5】交信します．

カテゴリはいわゆる，ブックマークや「お気に入り」に相当します．ぜひマスターして活用しましょう！

WIRESパーフェクト・マニュアル | 45

コラム2-2　接続先のカテゴリを削除する

【1】[DISP]を長押し，セットアップ・メニューが表示されます．

【2】「WIRES」をタップ．WIRESメニュー・リストが表示されます．

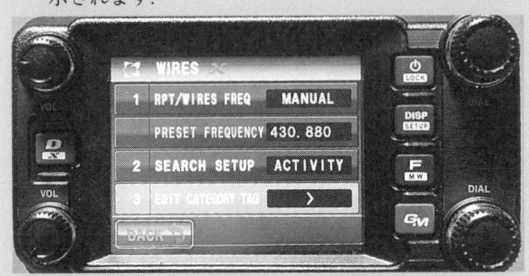

【3】「4 REMOVE ROOM/NODE」を選択．

【4】「C1」～「C5」から，削除したいノードが入っているカテゴリ・タグを選択します．

【5】削除したいノードをタップ，またはDIAL(A)を押します．

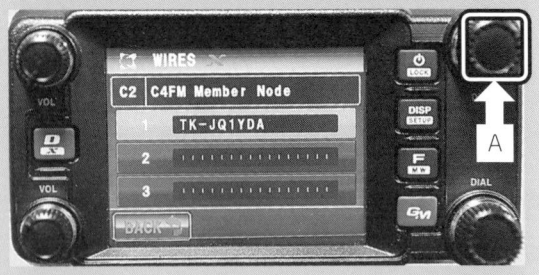

【6】DELETEポップ・アップが表示されます．「OK ?」をタップし，削除．

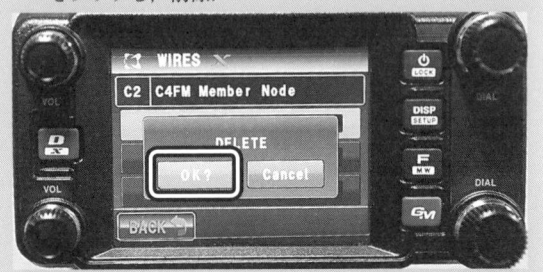

【7】削除対象となったノードが消えました．

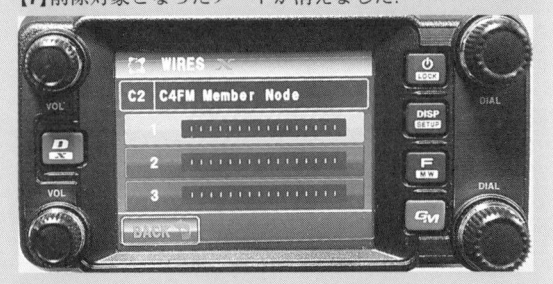

■ カテゴリ内のノード・ルームの削除

上記【1】～【2】の手順で表示されるWIRESメニュー・リストの中にある「4 REMOVE ROOM/NODE」をタップ，カテゴリの一覧が表示されるので，削除するカテゴリ名を指定します．

46　WIRESパーフェクト・マニュアル

第2章 デジタル・ノードを自由自在に操る

2-3 知識を増やし，疑問を解決する方法

運用していると出てくる疑問，WIRES-X自体，新しいものですから，特にC4FMに関係するノードのふるまいや機能は，まだまだ研究の余地は多分にあると言えるでしょう．

そんな中で，情報を得たり，疑問を解決したり，そして新たな遊び方を知るには，どうしたらよいのか考えてみます．

ケース別・お勧めの情報収集手段

■ 公式な情報に触れたい

ノードのセットアップ，無線機の操作に関しては，八重洲無線のWebサイトが参考になります．

最も効率的な方法は，販売店や催事場で開催されている八重洲無線の「試聴会」や「イベント」に出かけてみることです．多くの場合，HFとWIRESのコーナーが設けられ，それぞれに詳しい人が会場にいますから，あらゆる質問ができます（**写真2-1**）．ファームウェア・アップデートをその場で行うコーナーが設置されていることもあります（**写真2-2**）．

イベント情報は，WIRES-Xのユーザー登録を行うと届くようになる"YAESU Information"に掲載されています（**図2-2**）．

■ アイデアやおもしろい使い方を探究する

多くの人との交流の中で，見えてくることがあると思われます．積極的に交信していろいろな人と知り合い，交流を楽しむ中で，面白い使い方を考えていきましょう．参考までに，本稿執筆時のトレンド・ワードは，『モバイル・ノード』と『かんたんワイヤーズ』です．

写真2-1 試聴会イベントのようす

写真2-2 ファーム・アップ・サービス
会場によってはファーム・アップをその場で行ってくれるサービスが受けられる

図2-2 YAESU Information
WIRESのユーザーID番号を持つ方すべてにE-Mailで届く．視聴イベントやファーム・アップのお知らせなどが掲載されている

コラム2-3　WIRESオン・エア・ミーティング

毎月第4日曜日，WIRES-ⅡとWIRES-Xでオン・エア・ミーティングが開催されています．このイベントは，センター局（司会者）と「チェック・イン」と呼ばれる短い交信を行う中で，情報があれば発言するという交信イベントです．

また，イベント情報なども発表されます．時間になったらワッチして，見よう見まねでもOKですから，センター局と交信しませんか？

開催日：毎月第4日曜日
時間と接続ルーム：
① 20：00～20：20（WIRES-Ⅱ 0510ルーム）
② 20：30～22：00（WIRES-X 20510ルーム）

WIRESパーフェクト・マニュアル | 47

第3章

実際のオペレーション

WIRESのノードを自由自在に操ることができるようになったあとは，実際の交信からデジタル特有の機能までスマートに使いこなせれば，ベテランの仲間入りです．
ここでは，普通のFMモードで交信した経験はあるという皆さんを対象に，オペレート方法を紹介．WIRES-Xから搭載され，デジタル対応ゆえの目玉機能，「ニュース・ステーション」の使い方もマスターしましょう．

3-1 WIRESを使った交信

WIRES-X（ワイヤーズ）は，通常は見通し距離しか届かないV/UHFの電波でも，通信経路の途中にインターネットを利用することで，国内外の遠く離れた局と簡単に交信できます．たとえ手に持ったハンディ機（**写真3-1**）や，車に積んだ無線機でもOKです．

これらを「VoIP無線」と呼んでいますが，ほかにもEchoLink（エコーリンク）やD-STARのDVAP（ディーバップ）が「VoIP通信区分」で運用されています．

ところで，WIRESが始まってから12年以上経った今でも，VoIP無線ノードが出す電波をたまたまワッチした人が，「異常伝搬」や「強力なEスポが発生中」と勘違いしてしまうことがあります．

そのような勘違いを防ぐために，交信中に「ワイヤーズ経由」と言う，などの配慮が行われています．

これは「VoIP無線」を利用する場合の特有のオペレーションですが，それ以外の独特なものを紹介しましょう．

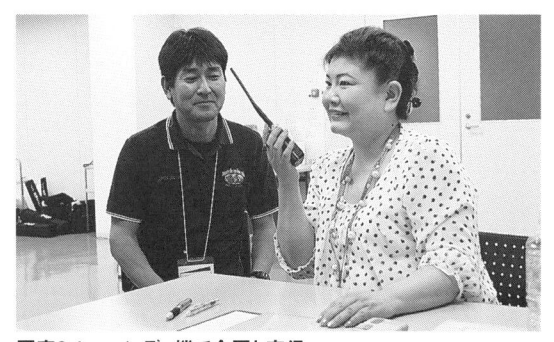

写真3-1 ハンディ機で全国と交信
オペレーションは普通のFMとほぼ同じ．異常伝搬と間違われない工夫や，音声のわずかな遅延を意識した交信を行えば，スムーズに交信できる

WIRES-X特有のオペレーション

① 「WIRES経由」と適宜アナウンス

CQも特定局呼び出しも，普通のFMモードでの

第3章　実際のオペレーション

オペレーションと変わりませんが，唯一違うのは，WIRESを使った交信である旨をアナウンスしていることです．

② 音声の遅延を意識する

WIRESを使う場合には，音声の伝送にわずかな遅延が発生するので，送受信の切り替え操作は余裕をもって行うようにします（遅延の程度は，わずかながら，ノードに使用するインターネット回線やパソコンの能力で異なる）．

③ ルームを使うときはブレークイン・タイムを

相手局の送信が終わってから一呼吸おいてPTTを押す．そして，話し始める．この「間」のことを

コラム3-1　WIRES-Xでの交信例

WIRES-X ALL JA CQ ROOM #20510 を利用した，CQを出す交信例を示します（CQを出す人は"JA1YCQ"，それを呼ぶのは"JK1MVF"）．

（ヒント：しばらく受信して誰も交信していないようであれば，CQが出せる．「チャンネル・チェック」は必要ない）

JA1YCQ：CQ ワイヤーズX こちらは JA1YCQ ジュリエット・アルファ・ワン・ヤンキー・チャーリ・ケベック，東京都文京区．ワイヤーズ経由です．受信します．どうぞ．

（ヒント：特にコールサインを強調しながら簡潔明瞭にCQを出す．応答がない場合でも，CQ呼び出しはそれぞれ30秒ほど間をあけて，3回程度に留めておくのが適切）

JK1MVF：JA1YCQ こちらは JK1MVF ジュリエット・キロ・ワン・マイク・ビクター・フォックストロットです．どうぞ．

（ヒント：別のことをしながらワッチしている，「ながらワッチ」の人がいる．すぐに呼ばれずに，数分経ってから呼び出しがあることも．以前交信した人から応答があることも多い）

JA1YCQ：JK1MVF こちらは JA1YCQ です．こんにちは．コールありがとうございます．
こちらのオペレータ名はサトウです．桜のサ，東京のト，上野のウ，サトウです．
QTHは東京都文京区です．
レポートは51，ファイブ・ワンです．
初めての交信ですね．今後ともよろしくお願いします．お返しします．JK1MVF こちらは JA1YCQ，ワイヤーズ経由です．どうぞ．

（ヒント：レポートはノードからの電波の状態を送る）

JK1MVF：JA1YCQ こちらはJK1MVF です．
サトウさん，こんにちは，応答ありがとうございます．こちらからのレポートは55です．
名前はタカダ，たばこのタ，為替のカ，たばこのタに濁点，タカダです．今後ともどうぞよろしくお願いします．QTHは埼玉県川口市で，ハンディ機FT2Dを使って交信しています．JA1YCQ こちらは JK1MVFです．どうぞ．

JA1YCQ：JK1MVF こちらはJA1YCQ です．
タカダさん，了解しました．55のレポート，ありがとうございました．Sメータは振れていませんが，たいへんクリアに聞こえています．さすがデジタルですね．
ところで，QSLカードはいかがですか？ 交換されているようでしたら，JARLビューロー経由でお願いします．JK1MVF こちらは JQ1YCQ ワイヤーズ経由です．どうぞ．

（ヒント：JARLビューローを使ったQSLカードの交換を申し出てもよい．交換しない人もいるが，気にしなくてOK．その割合は50％ほど）

JK1MVF：JA1YCQ こちらはJK1MVFです．
サトウさん，了解しました．QSLカードはこちらからもJARL経由で送ります．
本日は交信ありがとうございました．またよろしくお願いします．どうぞ．

JA1YCQ：JK1MVF こちらはJA1YCQです．
了解しました．QSLの件，ありがとうございます．
それではまたよろしくお願いします．
ありがとうございました．73，さようなら．

JK1MVF：ありがとうございました．73．

JA1YCQ：ほかに交信いただける方，いらっしゃませんか？ こちらは JA1YCQ です．受信します．

（ヒント：慣習的に10分〜15分ぐらいはALL JA CQ ROOMを連続使用しても大丈夫．長くなる場合は，いったん終わりにして，ほかに使いたい人のためにしばし待機．ALL JA C4FM CQ ROOM #20509などほかのルームも活用し，交互にCQを出して交信するのも一手．WIRESでは交信局数を伸ばすのではなく，会話を楽しむ人が多い）

「ブレーク・イン・タイム」と呼んでいます．この「間」がないとノード局に操作要求を出す（Dxキーを長押しする）ことや，切断信号を送ることができません．

④ 簡潔明瞭な呼び出しを

ネットワークを使う交信は，遠くの局と交信できるほか，ルームによっては多くの局がワッチしています．

多くのノードが接続しているルームで呼び出す場合は，簡潔明瞭に，コールサインと利用ネットワーク名（WIRES-X）をしっかりアナウンスして，長時間の占有は避けるようにするとスマートです．

交信が終わったら「以上で交信を終わります」や「クリア」と付け加えている方もいます．交信が終わるのを待っている局に対する配慮と思われます．

⑤ 呼び出し後は応答がなくてもしばらく待つ

CQや特定局の呼び出し後は，しばらく経ってから応答がある場合があります．

コラム3-2　WIRES-Xを使った海外交信

海外の局とQSOしたい！と思ったら，海外局が集まっているルームにつないでみましょう（**図3-A**）．WIRES-Xは北米やヨーロッパに勢いよく普及しています．しかも，海外ではC4FMデジタルに対応したレピータ（**写真3-A**）も動いており，それらのレピータ・ユーザーとの交信もできるようになっています．

交信は，普段の交信と変わりません．コールサインの確認だけという交信は少ないので，外国語会話ができるほど楽しめるようです．

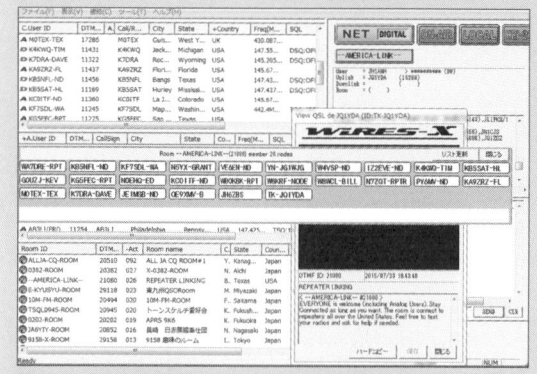

図3-A 海外局が集まっているルームのうちの一つ "--AMERIKA LINK--" に接続したようす

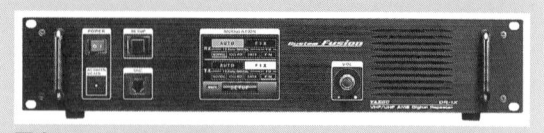

写真3-A 144/430MHz デュアルバンド・デジタル・レピータ "DR-1X"
海外で普及が進むC4FM/FM対応レピータ装置（参考）．日本では，まだ発売されていない

コラム3-3　WIRESで交信したときのQSLカード

WIRES-XでのQSOでは，QSLカードの交換も行われることがあります．交信した証としてはもちろん，名刺的な効果も狙って交換されるようです．

QSLカードについては「衛星通信など中継装置を使った交信」の書き方が参考になります．具体的には，**図3-B**のように，リマークス（備考）欄にWIRES経由である旨を記入し，RSレポート，使用バンドとモードは自局側での状況を，通常どおりに記入すればOKです．

図3-B QSLカードの記入例
WIRES経由で交信したときのレポート欄の記入例

3-2 デジタルならではの楽しみ

WIRES-Xには，C4FMデジタルだから実現できた便利で楽しい機能が付いています．それは，C4FMの特徴を生かしたニュース・ステーション機能(**図3-1**)で，C4FMの登場とともに，WIRES-Xになってから付加されたものです．

ニュース・ステーションとは「画像・テキスト・メッセージ・音声」の読み書きが可能な機能で(**写真3-2**)，ルームとノードにそれぞれ一つずつ付いています．メジャーなルームのニュース・ステーションには，メッセージや画像などがたくさん掲載されていることが確認できます(**図3-2**)．

C4FMデジタル対応機をお持ちなら，最寄りのノードからメジャーなルームに接続して，ニュース・ステーションにもアクセスしてみましょう．

画期的なニュース・ステーション

ニュース・ステーションは，ノードやルームに一つずつ独立して付いている掲示版のようなもので，テキストや画像はもちろん，音声までもがアップロードでき，いつでも聞けるのが画期的です．

イベントの案内やルームやノードのPRなどを，音声で吹き込んでおいてもおもしろいかもしれません．

さて，このニュース・ステーションにはLOCAL NEWSとINT NEWSのコーナーがあります．INT NEWSは八重洲無線が発信するニュースやデータを掲載しているもので，WIRES-Xユーザーの情報はすべてLOCAL NEWSのコーナーに入ります．

LOCAL NEWSとINT NEWSには，"NEWS STATION"と"EMERGENCY"の情報コーナーがあります．"NEWS STATION"では，VOICE(音声データ)やMSG(テキスト・データ)，PICT(画像データ)を，C4FM対応機(NEWS STATIONに対応したもの)で自由にダウンロードおよびアッ

図3-1　ニュース・ステーションの概略図(WIRES-X接続用キットHRI-200取扱説明書より引用)

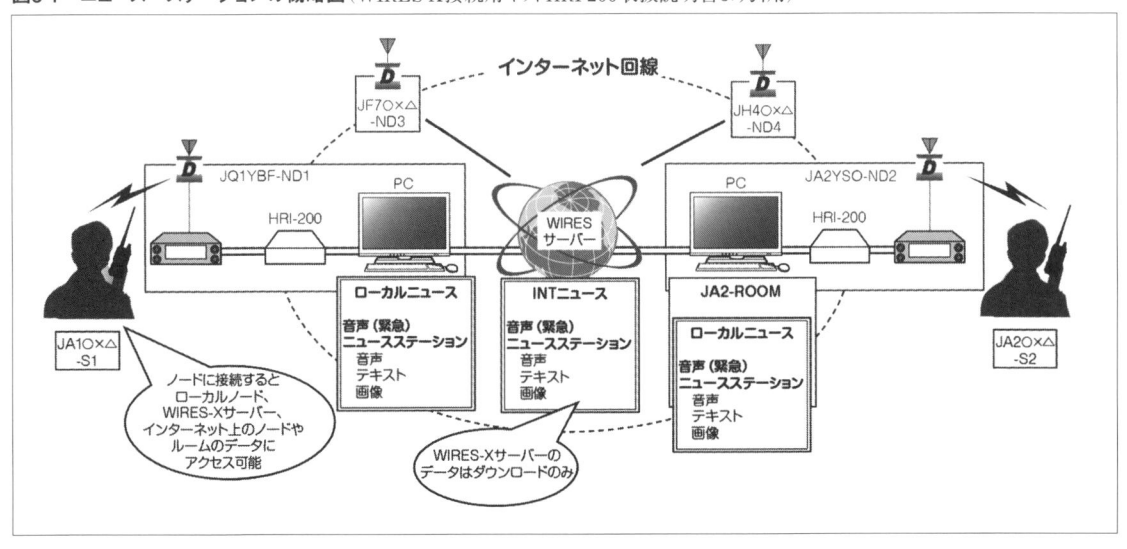

図3-2　ニュース・ステーションにポストされた情報のリスト（WIRES-Xソフトウェア上で見たようす）
ニュース・ステーションはトランシーバのほかWIRES-Xソフトウェアでも読み書きできる（ソフトウェア上で書き込みができるのは，自局および自局が開設しているルームのみ）

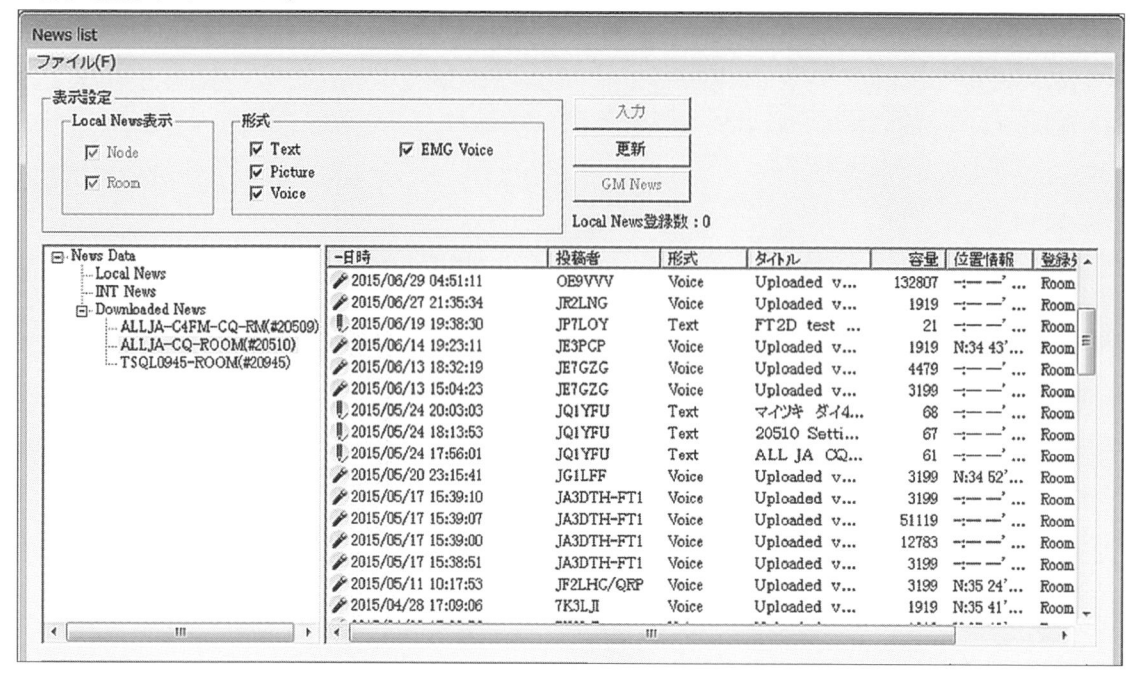

プロード（INT NEWSはダウンロードのみ）でき，情報交換のツールとして使用することができます．

　これらのデータはトランシーバに装着されたmicroSDカードにも記録されるため，いつでもダウンロードしたデータを見ることができます．

■ エマージェンシー機能

　"EMERGENCY"では，ノード・オーナーやユーザー局の緊急時の音声メッセージをC4FM対応機でダウンロードして聞いたり，音声データをアップロード（INT NEWSはダウンロードのみ）することができます．

　EMERGENCYは，情報が登録されてから一定の間隔でローカル・ノードが接続中のノードやルームに強制的に配信され，2時間後に自動的に削除されます．いざというときの活用が期待されています．

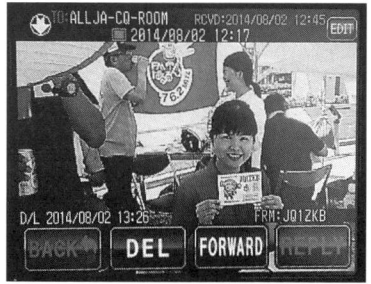

写真3-2　ニュース・ステーションの各種データ
左から画像データ，文字データ，音声データ（音声を出力しているときのディスプレイ表示）の表示例

52　WIRESパーフェクト・マニュアル

第3章　実際のオペレーション

3-3　ニュース・ステーションを使おう

　百聞は一見にしかず，ニュース・ステーションの読み出し（DOWNLOAD）と書き込み（UPLOAD）の実際を，操作説明を添えて写真とともに紹介しましょう．

　読み書きができるニュース・ステーションはノードとルームに併設されているものです．ルームに併設しているニュース・ステーションにデータを書き込むと（アップロード），そのルームに接続したりアクセスしている局全員が，そのデータを読むことができます．

コラム3-4　ほかのノードやルームのニュース・ステーションを見る

　ローカル・ノードから閲覧したいノードやルームに，通常交信と一緒の方法で接続します．例としてALL JA CQ ROOMのニュース・ステーションにアクセスする方法を説明します．

【1】音声通信を行うのと同じようにALLJA CQ ROOMに接続したあと，接続先のルームの名前をタップ．

【2】DIAL（A）で（または画面をタップして）「NEWS STATION」または「EMERGENCY」を選択．

【3】DIAL（A）を押すか再度タップ．
　　送信（UPLOAD）または受信（DOWNLOAD）の画面が表示されます．

【4】ニュースを見たい場合は「DOWNLOAD」，データを送りたいときは「UPLOAD」を選択（以下は，DOWNLOADを選んだ場合の例）．

WIRESパーフェクト・マニュアル　53

①"LOCAL NEWS"を見る

【1】接続先を表示し、ローカル・ノードのID表示部をタップします。

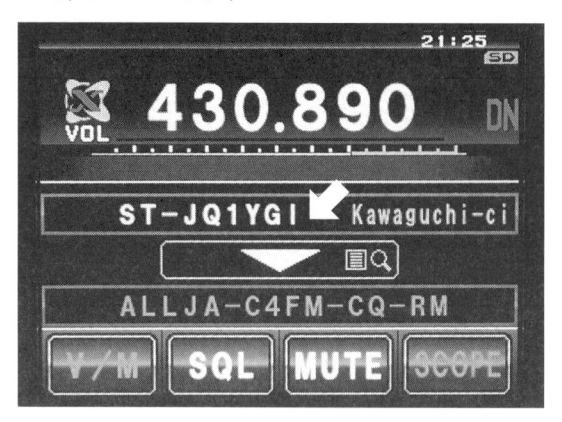

ローカル・ノードのメニュー・リストが表示されます。再度、ローカル・ノードの名前(User ID)をタップします。

【2】「NEWS STATION」をタップします。

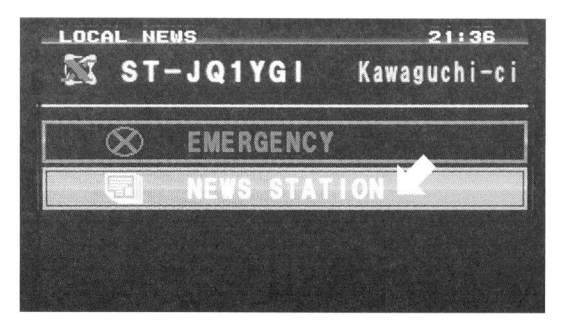

【3】DIAL(A)を回して(または画面をタップして)、「DOWNLOAD」を選択し、タップします。

【4】DIAL(A)を回して(または画面をタップして)、「MSG」または「PICT」を選択します。各項目の意味は、VOICE…音声データ、MSG…テキスト・データ、PICT…画像データ、です。

【5】データの一覧が表示されます。

★ 参考：「PICT」の一覧表示では、DIAL(B)を押すごとに、アップロードされた日時表示とファイル・サイズ表示を切り替えられます。DIAL(A)を回して(または画面をタップして)、メッセージまたは画像を選択し、タップします。

第3章 実際のオペレーション

データの取り込みが始まり,タグの左端のアイコンが点滅します.データが取り込まれると,内容が表示されます.伝送エラーが出た場合には何度でもやり直せます.

---

② ローカル・ノードへメッセージを送る

【1】接続先を表示し,ローカル・ノードの名前をタップします.

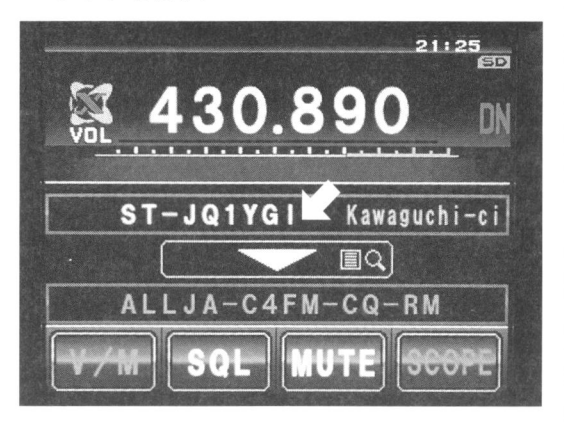

ローカル・ノードのメニュー・リストが表示されたら,もう一度,ローカル・ノードのID表示部をタップします.

【2】DIAL(A)を回して(または画面をタップして),「NEWS STATION」を選択し,タップします.

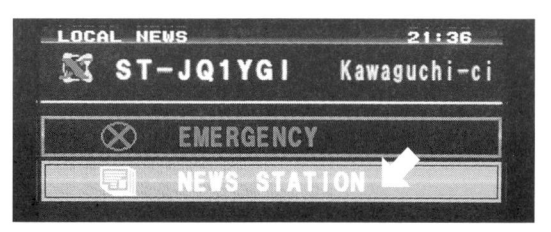

【3】送信(UPLOAD)/受信(DOWNLOAD)の画面が表示されます.DIAL(A)を回して(または画面をタップして),「UPLOAD」を選択し,タップします.

【4】DIAL(A)を回して(または画面をタップして),「MSG」を選択し,タップします.

WIRESパーフェクト・マニュアル | 55

【5】データの一覧が表示されるので，DIAL(A)を回して(または画面をタップして)，「NEW」を選択します．

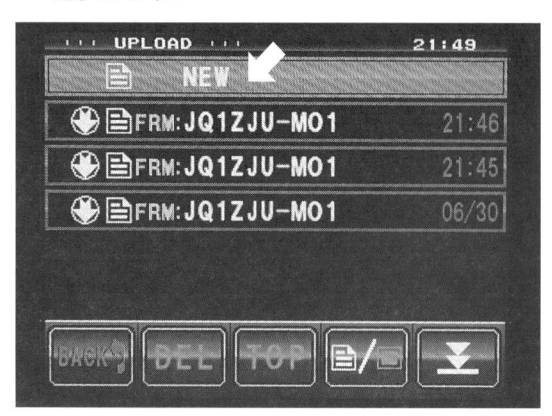

【6】文字キーをタップしてメッセージを入力．

画面上部にタップした文字が表示されます．

★ 参考：80文字まで，英数字，記号，カナが入力できます．

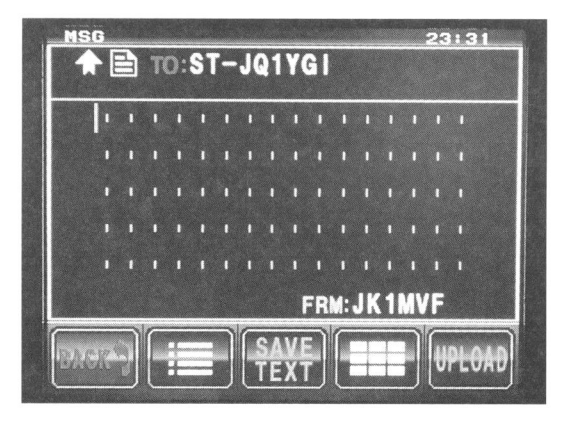

文章は簡潔明瞭にして，交信のことを"QSO"と書くなど，Q符号を積極的に利用すると読みやすいと思います．

【7】「ENT」をタップ．

入力した文字が確定され，メッセージ確認画面に戻ります．

【8】「UPLOAD」をタップ．

メッセージの送信が開始され，画面左上のアイコンが点滅します．メッセージが受け付けられると"Completed"と表示され，データの種類を選択します．画面に戻ります．

第3章　実際のオペレーション

③ ローカル・ノードに画像を送る

【1】素材を準備します。

メッセージは送信する直前に作成しますが、画像はあらかじめカメラ付きマイク"MH-85A11U"で撮影しておくと便利です。

【2】接続先を表示し、ローカル・ノードのID表示部をタップします。

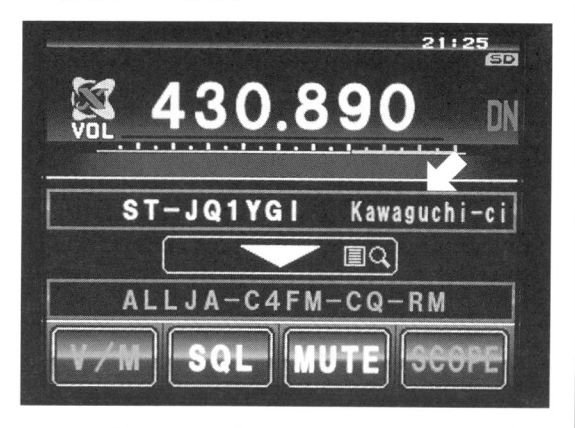

ローカル・ノードのメニュー・リストが表示されます。もう一度、ローカル・ノードのID表示部をタップします。

【3】DIAL(A)を回して(または画面をタップして)、「NEWS STATION」を選択し、タップします。

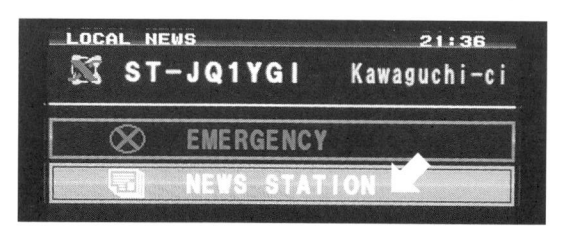

【4】送信(UPLOAD)/受信(DOWNLOAD)の画面が表示されるので、DIAL(A)を回して(または画面をタップして)、「UPLOAD」を選択し、タップします。

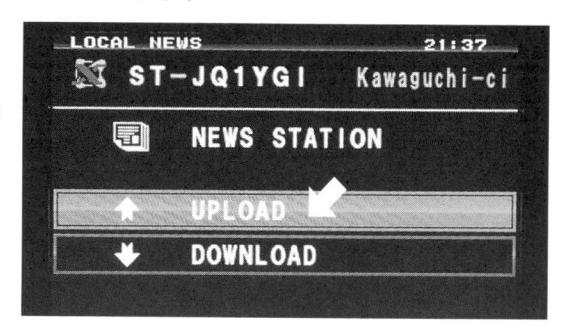

【5】DIAL(A)を回して(または画面をタップして)、「MSG」または「PICT」を選択し、タップします。

【6】DIAL(A)を回して(または画面をタップして)、メッセージまたは画像を選択し、タップします。

WIRESパーフェクト・マニュアル | 57

★ 参考：PICTの一覧表示では，DIAL(B)を押すごとに，アクセス日時表示とファイル・サイズ表示を切り替えられます．

【7】内容が表示されたら，「UPLOAD」をタップします．

データの送信が開始され，画面左上のアイコンが点滅します．データが受け付けられると"Completed"と表示され，データの種類を選択し，画面に戻ります．

■ 手ぶれのない写真を撮るには？

肘(ひじ)を締めてしっかりとカメラを持ち，シャッター・ボタンを押すのが基本です．

筆者はカメラ付きマイクを三脚の雲台部分に取り付けるための座台を，自作して使っています．台座は，プラスチックの板にナットを接着剤で付けただけものです．その座台にカメラ付きマイクのクリップを挟み込んで，三脚にしっかりと固定するだけです．手振れのない，きれいな写真を撮ることができます．カメラ付きマイクの付属ケーブルは，移動時に使い勝手が良いように短くできているので，マイク延長ケーブル(SCU-23)の利用もお勧めです．

第3章　実際のオペレーション

④ 音声メッセージを聞く

　ローカル・ノードのNEWS STATIONやEMERGENCYに登録されている音声メッセージを聞くことができます．聞こえてくる音声メッセージは，そのローカル・ノードの電波を傍受できる人たちにも聞こえます．

■ ローカル・ノードの通常メッセージを聞く

【1】接続先を表示し，ローカル・ノードのID表示部をタップすると，ローカル・ノードのカテゴリー・リストが表示されます．

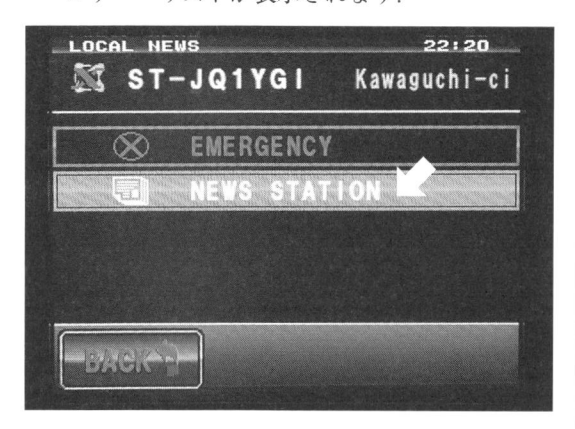

【2】「NEWS STATION」をタップします．
　送信(UPLOAD)または受信(DOWNLOAD)の画面が表示されるので，DOWNLOADを選択．

【3】DIAL(A)を回して(または画面をタップして)，「VOICE」を選択し，タップします．

【4】DIAL(A)を回して(または画面をタップして)，音声ファイルを選択します．

5件まで表示されています．DOWNLOADするつもりが間違えてUPLOADを押してしまう人が少なくないようで，ときどき中身のない音声メッセージもあります．

【5】選択した音声をタップします．

音声の再生が開始され，タグの左端のアイコンが点滅します．再生音はほかの人も傍受できます．

★ 参考：音声の再生中に[DISP]を押すと，コンパス画面に切り替わり，音声が録音されたときの送信元の位置情報が表示されます．

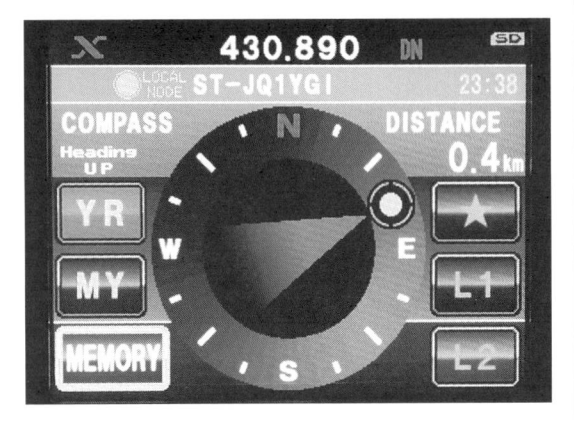

■ ローカル・ノードの緊急情報を聞く

【1】接続先を表示し，ローカル・ノードのID表示部をタップします．

ローカル・ノードのメニュー・リストが表示されるので，再度，ローカル・ノードの名前をタップします．

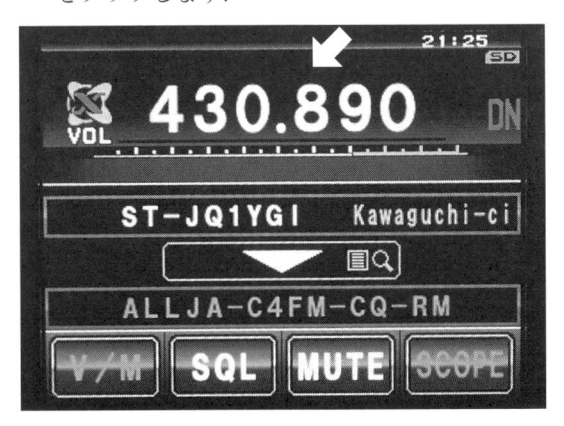

【2】DIAL(A)を回して(または画面をタップして)，「EMERGENCY」を選択します．

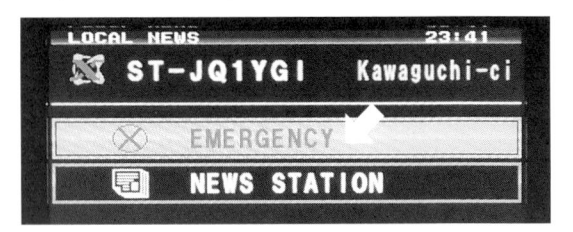

【3】「EMERGENCY」をタップします．データの一覧が新しい順に表示されます．

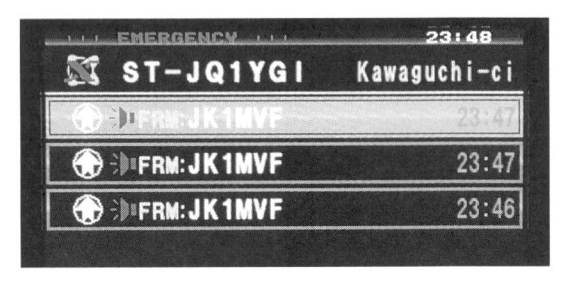

データがない場合は"No DATA"が表示されます．

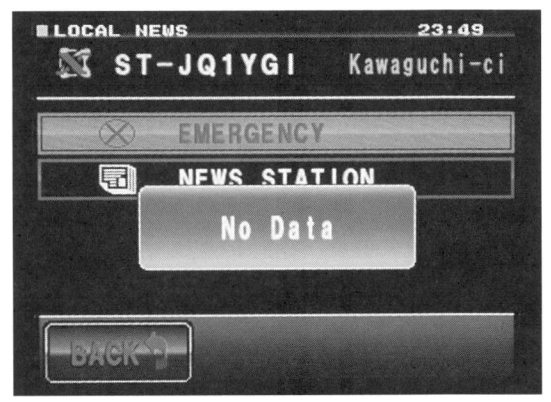

60　WIRESパーフェクト・マニュアル

第3章　実際のオペレーション

【4】DIAL(A)を回して(または画面をタップして)，音声データ名を選択します。

【5】選択した音声データ名をタップします。

音声の再生が開始され，タグの左端のアイコンが点滅します。

★ 参考：音声の再生中に[DISP]を押すと，コンパス画面に切り替わり，音声が録音されたときの送信元の位置情報が表示されます。

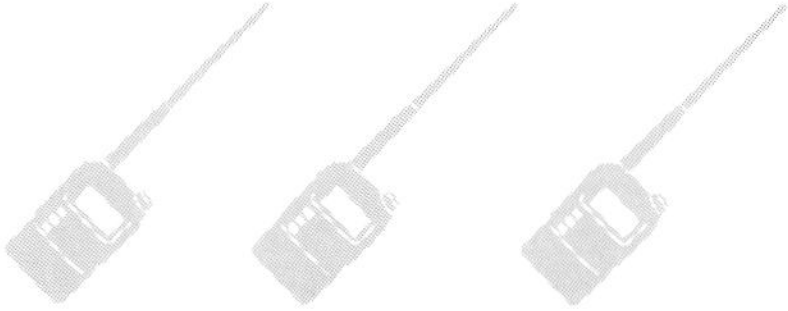

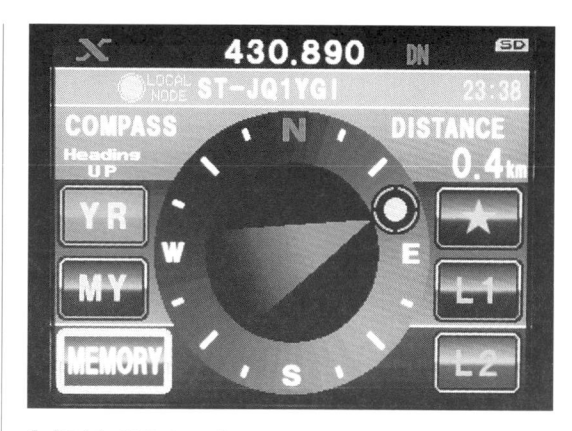

【6】再生が終わると，ローカル・ノードのカテゴリー・リストに戻ります。

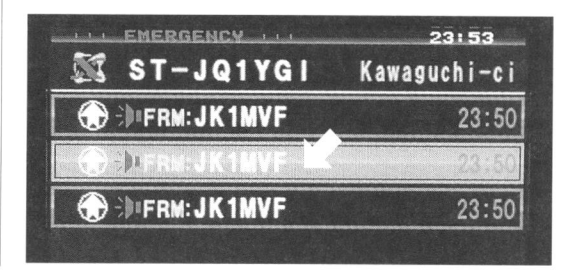

⑤ 音声メッセージを送る

ローカル・ノードに音声メッセージを登録することができます。これらは，WIRESノード・ソフトウェアの操作で削除されないかぎり，いつでも聞くことができます。案内やお知らせ，自己紹介などを積極的にアップロードしてみてはいかがでしょうか。

EMERGENCYは非常時や緊急時に使うためのもので，音声が登録されてから一定の間隔で接続中のノードやルームに強制的に配信され，2時間後に自動的に削除されます。

■ ローカル・ノードに音声を送る(通常時)

【1】接続先を表示し，ローカル・ノードのID表示部をタップします。

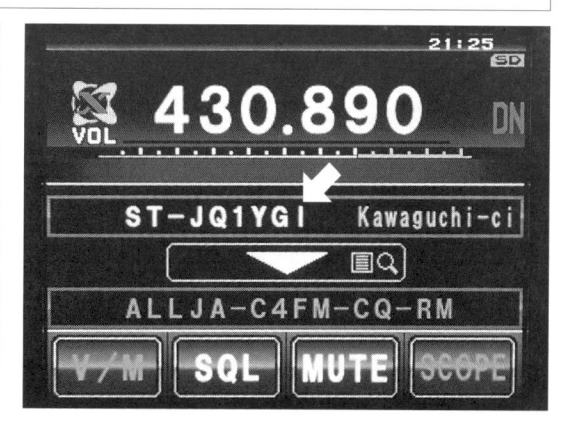

WIRESパーフェクト・マニュアル | 61

ローカル・ノードのメニュー・リストが表示されたら，もう一度ローカル・ノードのID表示部をタップします．

【2】DIAL(A)を回して(または画面をタップして)，「NEWS STATION」を選択し，タップします．送信(UPLOAD)または受信(DOWNLOAD)の画面が表示されます．

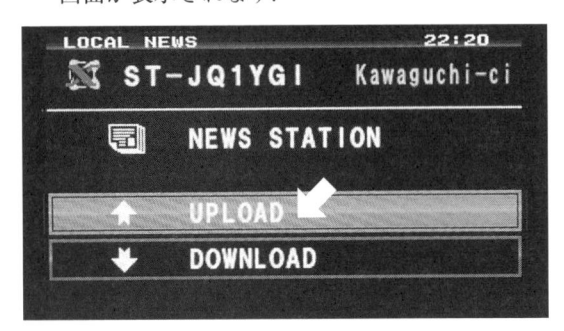

【3】DIAL(A)を回して(または画面をタップして)，「UPLOAD」を選択し，タップします．データの種類を選択する画面が表示されます．
DIAL(A)を回して(または画面をタップして)，「VOICE」を選択します．

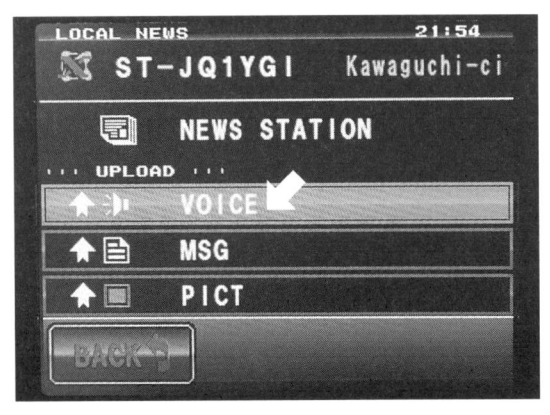

【4】マイクの[PTT]を押しながらメッセージを話すと，画面に"UPLOAD"の点滅表示が現れます．

音声の保存時間は最大で1分間です．メッセージの送信中は，カウントダウン・タイマが表示されます．メッセージが受け付けられると"Completed"と表示され，データの種類を選択する画面に戻ります．

■ ローカル・ノードに音声を送る(緊急時)

【1】接続先を表示し，ローカル・ノードのID番号をタップします．ローカル・ノードのメニュー・リストが表示されます．再度，ローカル・ノードの名前をタップします．

【2】DIAL(A)を回して(または画面をタップして)，「EMERGENCY」を選択し，タップします．

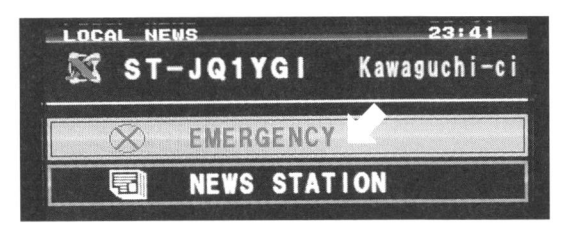

【3】マイクの[PTT]を押しながら，メッセージを話しますが，まずは[PTT]は押したままにして，"EMERGENCY Upload？"が表示され，3秒後に録音が開始します．録音中は画面に"UPLOAD"が点滅し,録音時間を表示します．

第3章　実際のオペレーション

音声の保存時間は最大で1分間です．メッセージの送信中は，カウントダウン・タイマが表示されます．メッセージが受け付けられると"Completed"と表示され，ローカル・ノードのメニュー・リストに戻ります．

⑥ 八重洲無線からの情報やお知らせを見る

ニュース・ステーションのINT NEWS項目で，八重洲無線のWIRES-Xサーバで提供しているテキスト情報や画像をトランシーバに取り込んで，閲覧できます．重要なバージョン・アップなど特に広く知らせたいお知らせや，八重洲無線の社団局のオン・エア情報なども掲載されています．

【1】接続先を表示する画面でローカル・ノードのID番号をタップすると，ローカル・ノードのメニュー・リストが表示されます．ここでインターネット上のノードやルームに接続するように操作します．

【2】DIAL(A)を回して(または画面をタップして)，「INT NEWS」を選択し，タップします．

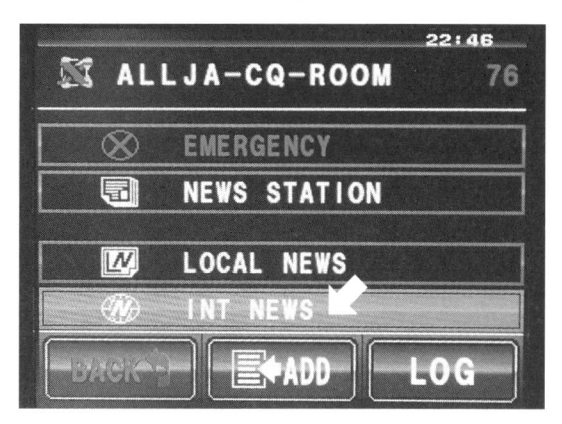

【3】DIAL(A)を回して(または画面をタップして)，「NEWS STATION」を選択し，タップします．

【4】「VOICE」「MSG」「PICT」の中から一つ選択し，タップします．

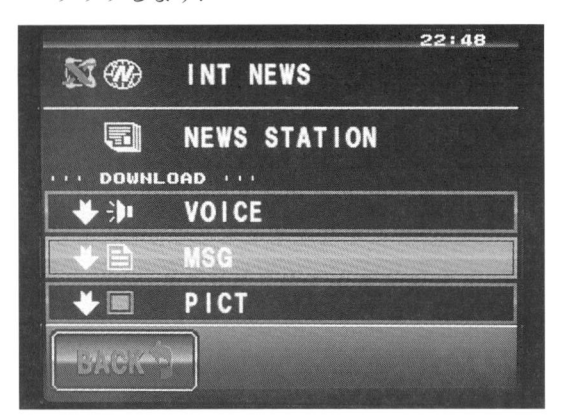

【5】もう一度，タップすると，データの一覧が表示されます．

【6】DIAL(A)を回して(または画面をタップして)，ファイルを選択します．

【7】再度，タップします．
データの取り込みが開始され，タグの左端のアイコンが点滅します．データが取り込まれると，内容が表示されます．

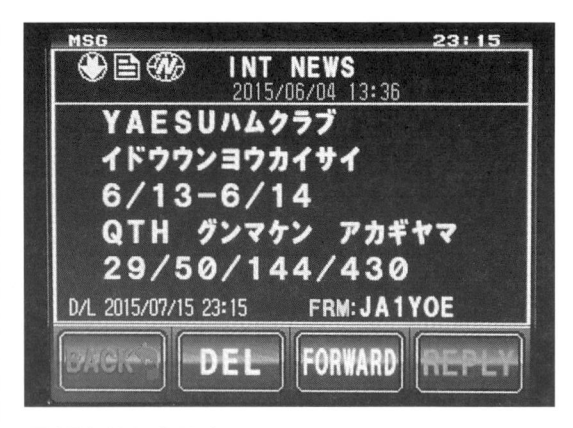

■ 緊急情報を聞く

　八重洲無線のWIRES-Xサーバで提供している緊急情報があれば，再生して聞くことができます．

緊急情報は普段は掲載されていないが，知っておくとよい機能の一つ

【1】接続先を表示する画面でローカル・ノードのID表示部をタップして，インターネット上のノードやルームに接続します．

【2】DIAL(A)を回して(または画面をタップして)，「INT NEWS」を選択し，タップします．

【3】WIRES-Xサーバのメニュー・リストが現れます．

【4】DIAL(A)を回して(または画面をタップして)，「EMERGENCY」を選択し，タップします．

【5】データがあれば一覧が表示されます．DIAL(A)を回して(または画面をタップして)，音声データ名を選択し，タップすると音声が再生されます．データがない場合は"No DATA"が表示されます．

第3章　実際のオペレーション

コラム3-5　取り込んだデータを見る・整理する

■ 取り込んだデータを見る

[1] [F]を押してファンクション・メニューを表示させます．

[2] 「LOG」をタップします．データの一覧が表示されます．

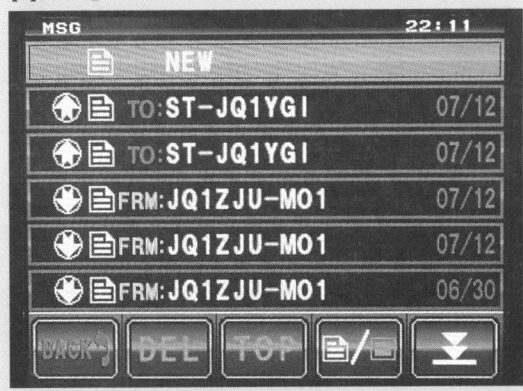

[3] 画面の左上にPICTという表示が出るように，一番下のメニューの右から2番目のキーをタップします．

[4] DIAL(A)，または画面にタッチして，内容を確認したいデータを選択します．選択したデータをタップするとデータの内容が表示されます．

■ 取り込んだデータを消去する

データを表示している画面で「DEL」を押すと消去される

[1] 消去したいデータの内容を表示します．
[2] 「DEL」をタップすると消去するかを確認する画面が表示されるので，
[3] 「OK？」をタップします．

「OK？」をタップすると消去，「Cancel」をタップすると消去を中止します．消去が済むとデータの一覧に戻ります．

★ 参考：ここで「FORWARD」をタップすると，現在表示されているメッセージをALL宛てにシンプレックスで再送信します．

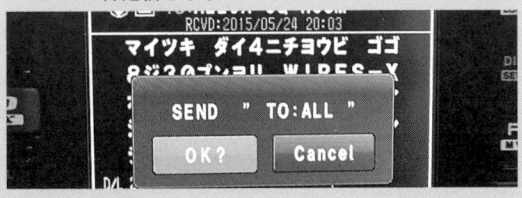

WIRESパーフェクト・マニュアル | 65

3-4 シンプレックスで楽しむ

シンプレックスとは？

WIRESはインターネットを経由して交信するしくみですが、それに対して、直接自局の電波が届く範囲の局と交信する運用方法を「シンプレックス」と呼んでいます。

WIRESで交信中に「シンプレックスに行けますか？」と尋ねられたら、WIRESを経由せず、お互いの電波を直接受信しあって交信してみようという意味になります

C4FMがシンプレックスで運用されている周波数は、都市部を中心に433.400MHz付近です。そして次のような、GM（グループ・モニタ）という機能を使った運用も行われています。

便利で楽しいGM機能

C4FMで433.400MHzをワッチしていると、PTTを「ちょい押し」して、他局のディスプレイにコールサインを表示させ、交信可能であることを示す局がいます。

実は、C4FM対応リグではこれと同じようなことが「自動」で「簡単に」できます。

まだWIRES-Xが開発中で、C4FM運用がシンプレックスのみだったころ、CQを出す代わりに（交信可能なことをアピールするために）グループモニタ（GM）機能が積極的に使われていました。それが今、再び注目されているようです。

これは、CQを出す代わりにGM機能をONにすると、自動かつ周期的に自局のコールサインや位置情報がビーコンのように送信され、ディスプレイには交信できそうな範囲内にいる局が表示されます（写真3-3、写真3-4）。この表示を手がかりに交信を始めるのです。このとき、グループの選択は「ALL」を選ぶのがポイントです。

操作はFTM-400DやFT-991の場合は、GMキーを押すだけ。FT1Dの場合はGMキーを押してALLを選ぶだけです。いずれも、もう一度GMキーを押すとGM機能が解除されます。リグの前にいないときや、他局が交信を行っているときは、GM機能を解除しておくとよいでしょう。もちろん、GM機能の利用はお好み次第でOK。お互いにGM機能を有効にしないと交信できないということはありません。

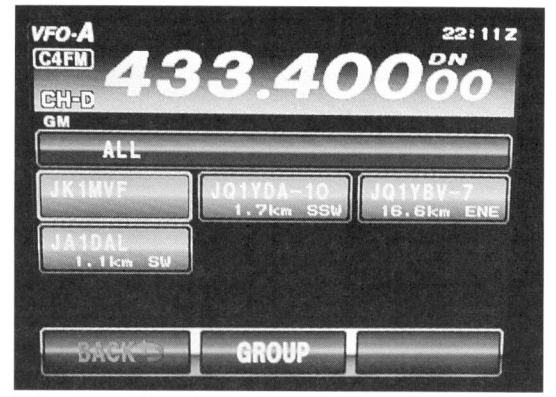

写真3-3　GM機能を使用中のFT-991

写真3-4　FT1DのGM機能表示

3-5　WIRESとAPRSを楽しむ

パソコンのきれいな地図上に移動局（モービル）の位置が表示されていのを見たことはありませんか？ APRSはそんな便利な機能が世界規模で実現されているとても楽しいシステムです．WIRES-X（C4FM）に対応したモービル/ハンディ・トランシーバは，このAPRSに対応しています．ぜひAPRS機能も使ってみましょう！

APRSがある日常

ある日，WIRESの交信を聞いていると，移動局のAさんが詳しい移動地を言わずに「今，APRSでビーコンを出しています」と言うのが聞こえました．交信相手の固定局Bさんが（パソコンを見ながら）「見てますよ．その近所は……（その近所の話題）」とか「そのあたりでしたら，ドコソコのノード局のほうが良好にアクセスできそうですよ」と言っています．この例のように，交信相手に自局が今いる場所を（パソコンの画面上などで）具体的に把握してもらえることで，新たな情報を得られたり，楽しい交信が期待できるのもWIRESとAPRSの融合です．

WIRESでは交信相手は全国各地にいますから，東京で暮らしている局が交信相手から「〇×県のドコソコ町の国道〇×号線を走ってます」と言われても，はっきり言ってどんな場所だかピンときません．ところが，APRSを使えば航空地図上でもその局がいる場所が見えて「ああ，この局はいまこのような環境の中を走っているのか！」と実感することができます（**図3-3**）．

そのほかにも，APRSではイベント会場などの場所を表示するオブジェクト機能や，音声で交信するためにチューニングしている周波数を示すAFRSという機能，そしてメッセージの送受信を行うChat機能もあります．とにかく楽しいのです．対応する局があたりまえのように増えている事実も納得できます．

また，移動局自身も交信相手に自分の居場所を知ってもらうだけでなく，帰宅してから自分の移動軌跡を見たりするなどして，自局（移動局）の電波伝搬の状況などを分析できるのも楽しみの一つといえ，固定局でも移動局でも楽しめる世界が広がっています．

APRSの世界をのぞいてみよう

さて，前述の例で示した固定局のBさんは，どうやって交信相手（移動局）の位置を知ることができたのでしょうか？ 専用ソフトウェアで見てい

図3-3　航空地図やストリート・ビュー
APRSで位置情報（ビーコン）を発信するときれいな地図上でその場所のようすもわかる

図3-4 Google Maps APRS
関東全域を表示させてみた．APRSビーコンを発信している（またはした）クルマなどの位置が表示されている

図3-5 拡大縮小も自由自在
見るだけだがかなり充実している．情報を発信したい場合は，APRSクライアント・ソフトを検討する

るとか？ いいえ，タネを明かせばWebサイトで見ています．

　見るだけならばとても簡単です．インターネットにつながったパソコンのインターネット・ブラウザを開き，Google Maps APRS（グーグルマップスAPRS，http://aprs.fi）を見るだけです．

　すぐに多くの局がきれいな地図上に表示されます（**図3-4**，**図3-5**）．

地図に自分の位置をプロット（表示）させるには

　http://aprs.fiの地図上に「自分を登場」させるには，従来からあるAX.25プロトコルのパケット通信を使って，自局がいる場所の緯度経度やコメントを「APRSの仕様にのっとったカタチで送信」すればよいだけです（この送信電波をビーコンといいう）．

とはいっても，このようなデータを送信するためにはGPSレシーバとパケット通信用のモデムたるTNCが必要です．

　ところが現在は，GPSレシーバとパケット通信用のモデムを内蔵した「APRS対応トランシー

第3章　実際のオペレーション

図3-6　APRSでのパケット通信の概要

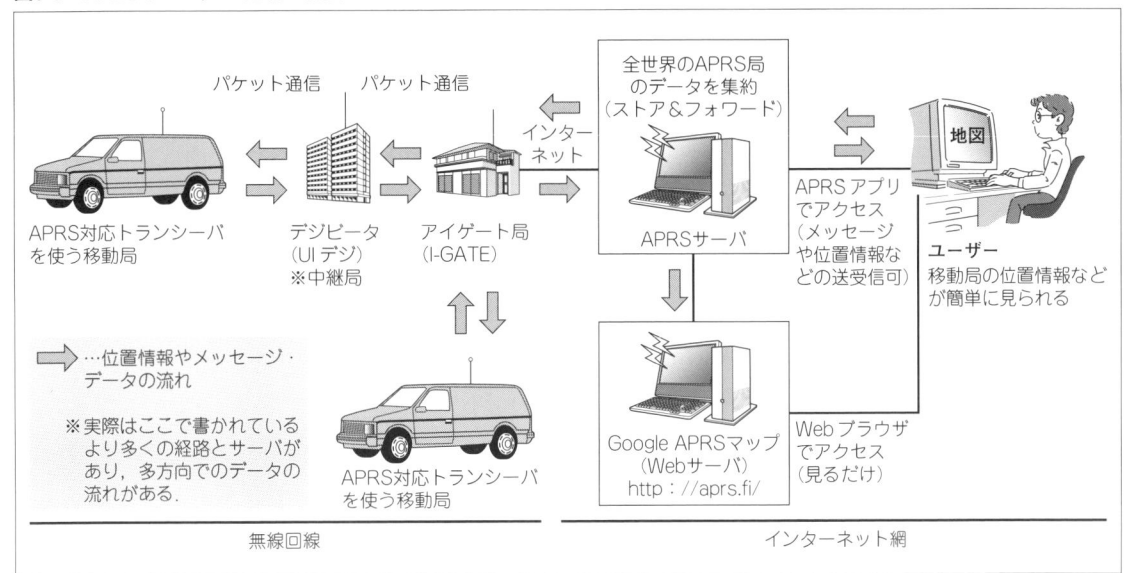

```
パケット通信   パケット通信
                              全世界のAPRS局
                              のデータを集約
                              (ストア&フォワード)
                     インター
                     ネット
APRS対応トランシーバ  デジピータ   アイゲート局     APRSサーバ    APRSアプリ         地図
を使う移動局         (UIデジ)    (I-GATE)                    でアクセス
                    ※中継局                                (メッセージ       ユーザー
                                                          や位置情報な     移動局の位置情報など
        …位置情報やメッセージ・                              どの送受信可)   が簡単に見られる
        データの流れ
    ※実際はここで書かれている
     より多くの経路とサーバが                Google APRSマップ    Webブラウザ
     あり,多方向でのデータの                (Webサーバ)         でアクセス
     流れがある.       APRS対応トランシーバ   http://aprs.fi/     (見るだけ)
                      を使う移動局
              無線回線                              インターネット網
```

バ」が八重洲無線などから出ています．このリグを設定してビーコンを送信するだけで，即このようなWebサイトに自局位置が表示されると同時に，そのデータを電波でキャッチできた，ほかのAPRS対応トランシーバのディスプレイに自局位置が表示されます．

地域によっては，次に説明するI-GATE(アイゲート)が運用されておらず，APRSビーコンを発射しても，インターネットで見ることができない地域もあります．

実際にGoogle Maps APRSを見て，ご自身の行動範囲内でビーコンをキャッチされている局がいるかどうか下調べをし，もしダメな場合には自分で「I-GATE」を立ててみるのも一つの方法です．

なぜそんなに簡単にできるの？

「APRSビーコン」は，そのビーコンをキャッチしてインターネット網に送り込んだり，インターネット側から来たデータを送信するI-GATEと呼ばれる局と，それを処理するサーバの連携により，前述したGoogle Maps APRS(**http://aprs.fi**)で簡単に見られるようになっています．APRSのパケット・データがどのように交換されているのか，**図3-6**に示します．

ネットワーク技術に長けた方々やそれらに興味がある方々によって運用されており，ビーコンをキャッチしてもらえる地域は日を追うごとに拡大しています．

このI-GATEは，全国各地でデータ通信専用区分内の周波数(主に144.64MHzと144.66MHz)で運用されていて，しくみ的にはWIRESと同じ「インターネットと無線の融合」です．WIRESノードを運用する局にとっては，手慣れた分野ともいえ，WIRESノードと一緒にI-GATEを運用されている方も少なくありません．

もし，I-GATEがない地域にいらっしゃるようであれば，WIRESノードと一緒にI-GATE局も運用してみてはいかがでしょうか．

WIRESパーフェクト・マニュアル | 69

APRS対応機種

APRS対応トランシーバと概要を**表3-1**に示します．

2波同時受信対応機種は，音声で交信（WIRESを含む）しながら「APRSビーコン」（以下「ビーコン」と表記）を送受信するという，理想的な運用を行うことができます．もちろんメッセージのやりとりなど，APRSネットワークで繰り広げられているおもな機能に，これ1台で対応します．

APRS運用の設定

本書で出てくるメジャーな機種（FTM-400DとFT1D）のAPRS用の設定を第6章「資料編」に掲載しました．設定項目は機種が違ってもほぼ同じですから，FT2DならFT1Dの設定を，FTM-100DならFTM-400Dの設定を参考にするとよいでしょう．

初期設定を行っておけば，運用したいときに，位置情報の送信をオン・オフするだけです．情報発信にこだわりたいときは，ステータス・テキストを適宜書き変えて使うと楽しめます．

APRSは，位置を見たり軌跡を閲覧するだけのツールではなく，コミュニケーションのチャンスを増やすツールです．

ステータス・テキストに「WIRES 20510 Listening」などと入力して，ビーコンを発射，音声交信のチャンスを狙ってみましょう．

そして，メッセージ機能もぜひマスターされることをお勧めします．

なお，FTM-100Dは144/430MHz C4FM FM対応，バンドは切り替え式で，2波同時受信ができないので，WIRESで交信（または待ち受け）しながらAPRSビーコンを出すには，デュアル・ワッチ機能（DW）を使うとよいでしょう．

表3-1 APRS対応トランシーバ一覧

メーカー	型番	種別[※1]	2波同時受信	C4FM	FM	GPS[※2]
八重洲無線	FTM-400D/DH	M	◯	◯	◯	◯
	FTM-100D/DH	M	―	◯	◯	◯
	FT1D	HT	◯	◯	◯	◯
	FT2D	HT	◯	◯	◯	◯
	VX-8G	HT	◯	―	◯	◯
	VX-8/D	HT	◯	―	◯	△
JVCケンウッド	TM-D710G/GS	M	◯	―	◯	◯
	TM-D710/S	M	◯	―	◯	―
	TH-D72	HT	◯	―	◯	◯

※1 M…モービル機，HT…ハンディ機
※2 ◯…GPS内蔵，△…GPS純正オプション対応

第3章　実際のオペレーション

WIRESユーザーの声 ③

声なじみから顔なじみへ

JH7JMW　田高 史夫　Fumio Takou

■ WIRESとの出会い

今から10年以上前のこと，WIRES-Ⅱの時代です．私はV/UHFで遠距離交信に燃え，時間が空けば高原に登りアマチュア無線を楽しんでいました．

ちょうどそのころ，いつもお世話になっていた青森県八戸市のハム・ショップから，「田高さん，今度WIRESというインターネットを使ったものを始めたので出てみてね」と，お誘いを受けたのです．

筆者は，高校生のときにアマチュア無線を始めて，最初からHFで国内外との交信を楽しんでいたので，特に不特定の局との交信はWIRESでも違和感なく楽しめました．

移動運用で遠方の局との交信が落ち着いたときに，WIRESにオン・エア．まるでローカルと交信するような感覚で楽しめるのが，良い息抜きになったことを覚えています．

あのころは確か，今のようなルームがなく，ノードを渡り歩くように接続してCQを出す「ノード・トゥ・ノード」による交信でした．

そして少し経つと，「ルーム」というしくみがWIRESに登場し，当時の「ALL JA CQルーム」になじんでいたHFの雰囲気を感じて，アクティブに出ていました．そうこうしているうち，声なじみ(？)の局も多くなってきて，そうすると自然と会いたくなるのは，世の常．

■ みちのくミーティングを開催しています

各地で盛んに開催されるミーティングやアイボール会に触発され，大胆にも，私も全国の仲間に声をかけ，年に一度，東北の各地でアイボール会を開催するようになりました．

内容は，私のざっくばらんな性格もあり，何もしません(笑)！　自己紹介タイムはありますが，限られた時間で，「普段なかなか会えない人とお話する時間が第一」と考えているからです．

WIRESに出ている方は，無線でも何でも意欲的な方が実に多いですよね．技術的なこと，また人生についても，たくさん学ばさせていただいております．

さて，時代はWIRES-ⅡからWIRES-Xに変わり，私も現在，JE7YYKの社団局を管理していて，三陸復興ネットワークのルーム(20789)に常時接続しています．ですが，ときどき恋しくなり，WIRES-XのALL JA CQルーム(#20510)や，WIRES-ⅡのALL JA CQルーム(#0510D)にも顔を出しています．現在，FTM-400DHでモービル運用が中心ですが，C4FM対応機が2台揃ったら，個人局のノードも動かす予定です(ノード：JH7JMW 16186，ルーム：北三陸あまちゃんルーム 26186).

第4章
WIRES-Xノード構築ガイド

公開ノードを利用して交信できるのがWIRESの特徴の一つですが，近所にノードがない場合，WIRESネットワークの全貌や機能を知りたいと思ったら，ノード局の運用にもチャレンジしてみましょう．気兼ねなく，使いたいときにいつでも自由に使える，自分専用のノードも実現できます．

4-1　WIRES-Xノード運用の準備

　WIRESを使った交信が理解できたら，WIRESノードを開設してみましょう．自分自身でノードを運用すると，WIRESネットワークの全貌も一目瞭然．ノード運用者同士でのチャット（オンラインでの文字通信）も楽しめます．

　WIRESノードは限りある電波資源を利用することから，「公開ノード」と呼ばれる不特定多数のアクセスを歓迎し，公共性を意識した運用が主流となっている一方で，おもに自局の利用を想定した「マイ・ノード」と呼ばれるノードも運用できます．

　このように，運用者のニーズに合ったスタイルで運用できるのもWIRESの醍醐味．しかもノードを運用するにあたって，免許制度上の特別な手続きも必要ありません．

ノードに必要なもの

(1) WIRES-X接続用キット"HRI-200"

　HRI-200はパソコンとトランシーバをつなぐインターフェース装置であり，「WIRES-X接続用キット」として，八重洲無線の製品を取り扱うハムショップなどの販売店で購入できます（**写真4-1**）．

(2) トランシーバ（ノード用，アクセス用）

　トランシーバは，ノードとアクセス用にそれぞれ1台，計2台が必要です．C4FMデジタルとFMでそれぞれ準備する無線機の要件が異なります．

　HRI-200にトランシーバを2台つないで，プリセット・チャネル（ノード用の制御チャネル）を利用する運用形態もありますが，これは現在のところあまり使われていないので説明は省略します．

第4章　WIRES-Xノード構築ガイド

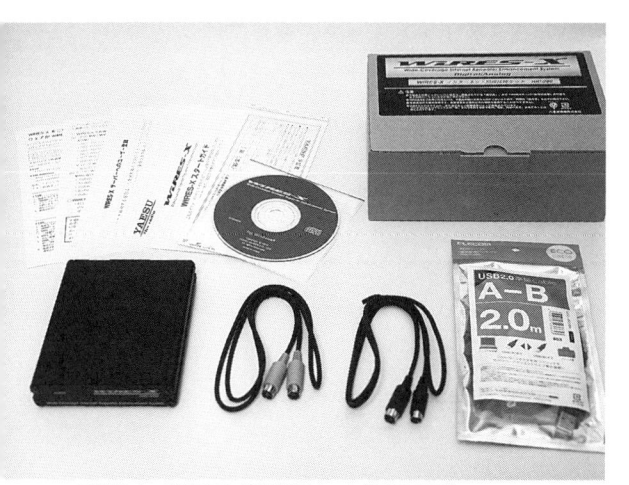

写真4-1　WIRES-X接続用キット"HRI-200"

■ C4FMデジタルでノードを運用する場合

ノード用にはC4FM対応トランシーバのうち，ノード対応のもの(**コラム4-1参照**)が必要です．

アクセス用にはC4FMに対応したトランシーバであれば，FT1Dのようなハンディ機でも，FT-991のような多バンド・コンパクト機でもOKです．設定や運用上の難易度も，FMで運用する場合よりも低くなりますから，できればC4FMで運用されることをお勧めします．

■ FMでノードを運用する場合

次の要件を満たすトランシーバであれば，どのメーカーのトランシーバでもOKです．なお，**コラム4-1**で紹介した無線機でも，FMでノードを運用できます．

▶ ノードに使うFMトランシーバの要件

表4-1にその要件を示します．要件の中に出てくる「データ端子」は，もともとパケット通信用のTNCをつなぐことを想定した端子なので，端子形状が同じでも上記すべての要件を満たすとは限らず，機種ごとに音質や入出力の信号レベルに微妙な違いがあります．八重洲無線のモービル・ト

表4-1　FM運用ノードに使えるトランシーバの要件

① 6ピンmini DINジャック仕様のデータ端子(p.5参照)が付いている
② トーン・スケルチ(トーン・デコーダ)機能がある
③ データ端子の6番ピンにスケルチが「開」のときに＋5Vが出力され，それがトーン・スケルチの判定とも同期している

コラム4-1　ノード運用に使えるトランシーバ

■ 八重洲無線 FTM-100D/DH

WIRES-Xノード運用とノード・アクセスに対応した144/430MHzデュアルバンド・モービル・トランシーバ．2バンド切り替え式．お求めやすい価格設定はノード運用に最適．

■ 八重洲無線 FTM-400D/DH

WIRES-Xノード運用とノード・アクセスに対応した144/430MHzデュアルバンド・モービル・トランシーバ．画像表示にも対応したカラー液晶ディスプレイ搭載．

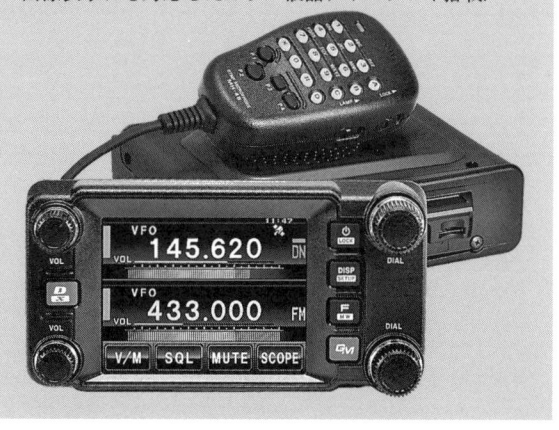

WIRESパーフェクト・マニュアル

写真4-2　八重洲無線 FT-7900
WIRES-Ⅱの時代から，WIRESと相性が良いとして根強い人気のFMトランシーバ

ランシーバ(**写真4-2**)の多くが上記の要件を満たすほか，HRI-200との相性も良く，音質やレベル調整で悩むことが少ないといえます．

▶ WIRES-Xアクセス用に使う
　FMトランシーバの要件

DTMFが送信でき，トーン・スケルチに対応したトランシーバが必要です．八重洲無線の現行機種のすべてがトーン・スケルチに対応しています．DTMFの送信のみ，DTMFマイクがオプションで必要になる場合があります．

(3) WIRES-Xソフトウェアを動かすパソコン

表4-2にその要件を示します．デスクトップ型，ノート型，タブレット型のパソコンも利用可能ですが，USB端子の形状と個数に注意します(タブレット型の中には，USB端子と外部電源端子が共用で，それ一つしかないものがあり，その場合は工夫が必要)．

本格的にノードを運用する予定の方は，Windows 7以降の，現役を引退したパソコンをノード用に使うことをお勧めします．パソコンの部品には耐用年数があり，HDDや空冷ファンなどのメカニカルな部品は思いのほか消耗します．メインのパソコンを長持ちさせるためにも，ノード

表4-2　ノード運用に使えるパソコンの推奨要件

- OS：Microsoft Windows Vista / 7 / 8 / 8.1 導入済みモデル(日本語版)
- クロック周波数：2.0GHz以上
- HDD：1GB以上の空き容量
- RAM：2GB以上
- USBポート：2.0(Full-speed)
- ディスプレイ解像度：1366×768以上
　16ビットhigh color以上(32ビットtrue color を推奨)
- LANポート：100BASE-TX/1000BASE-T
　(有線LANを推奨)

コラム4-2　ノード運用にお勧めのアイテム

■ クーリング・ファン(八重洲無線"SMB-201")

八重洲無線のモービル・トランシーバ用の空冷ファンで，WIRESノードやパケット通信などを行う際，長時間の連続送信による無線機の発熱を効率的に冷却することができる．対応機種：FTM-400D/DH，FTM-100D/DH，FT-8800/H，FT-8900/H，FT-7900/H

■ ダミーロード
(第一電波工業"DL50A")

高周波エネルギーを熱に変換するアイテム．ノードの試し運用や，アクセスできる範囲が極めて狭いノードを運用する場合に重宝する．

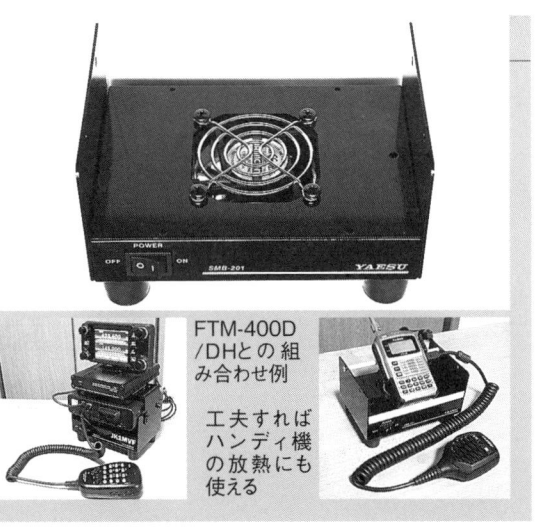

FTM-400D/DHとの組み合わせ例

工夫すればハンディ機の放熱にも使える

第4章　WIRES-Xノード構築ガイド

表4-3　インターネット回線の要件

①	ADSL 8Mbps以上(高速回線を推奨)
②	グローバルIPアドレスが割り当てられていること(動的または固定グローバルIPアドレスどちらも使用できる). WIRES-Xノード一つにつきグローバルIPアドレスが一つ必要
③	ルータの「NAT」あるいは「ポートマッピング」，「アドレス変換機能」などと呼ばれる設定・機能で，WIRES-X用に使用するパソコンのIPアドレスから，次の範囲内にある六つのUDPポートと，一つのTCPポートを開放できること(UDP：46100～46122 TCP：46080)

※ WIRES-Xソフトウェアのポートチェック機能で，正しくポートが開放できているか，容易に確認できます．UPnP機能に対応しているルータでは，WIRES-XソフトウェアのUPnP自動登録機能を使って簡単にUDPポートの開放ができます．

は独立したパソコンで動かしたほうが良いでしょう．なお，C4FMよりもFMで運用するほうがマシン・パワーが必要になります．

(4) インターネット回線

インターネット回線の要件を**表4-3**に示します．家庭用のADSL回線でも十分です．重要なのは回線スピードよりも通信の安定性．ノード局が動作中は定期的に少量のデータを送受信しているので，お勧めはNTTが提供する「フレッツ」などの常時接続サービス(いわゆる料金定額の「使い放題」)と，大手プロバイダ(インターネット回線会社)との組み合わせです．@niftyやOCN，BBExciteなど，大手プロバイダなら安心です．

今お使いの環境のままで運用できるケースがほとんどだと思われます．ただし，共同住宅などにあらかじめ敷設されているインターネット回線や，企業内の回線，モバイル回線の一部は，上記の要件を満たさない場合があるので要注意です．

経験上，ラウンドQSOルームを動作させて30局以上の接続を想定するなら，100Mbps以上の光ファイバ回線(NTTのBフレッツを使うもの)をお勧めします．

(5) ID番号

「WIRES-Xインターネット接続用キット」を購入したら，すぐに行うとよいでしょう．手続きはすべてWebサイトから行います．

まずは，WIRES-X Webサイト(**https://www.yaesu.com/jp/WIRES-x/index.php**)で新規会員登

図4-1　WIRES-X新規会員登録
https://www.yaesu.com/jp/WIRES-x/index.phpのログイン・ボタンの下にある[WIRES-X新規ID登録]をクリックすると，この画面になる

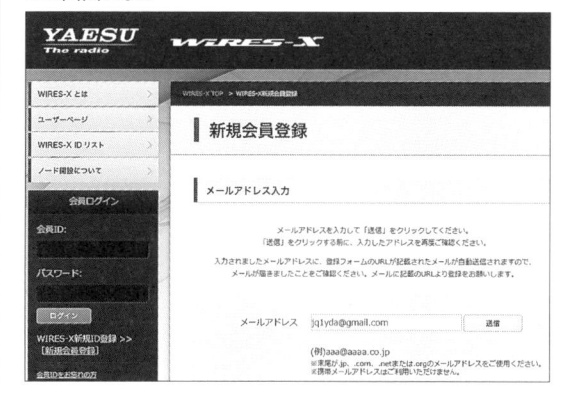

コラム4-3　ルータはNEC製の現行製品，UPnP機能対応がお勧め

一つのインターネット回線契約で複数のパソコンを使う場合は，ルータ(ホーム・ルータやブロードバンド・ルータとも呼ばれる)が使われます．パソコンを扱う家電量販店などでは3,000円程度の価格で売られているものもあり，無線LANにも対応することから，家庭用ゲーム機を自宅で使う場合にはもはや必須のアイテムとして，近年特に広く普及しています．

ルータは回線事業者がレンタルしてくれる場合もありますが，ルータの性能や処理能力も年を追うごとに向上しているので，レンタルにしてずっと使い続けるよりも，新たに買ってしまったほうがお得かもしれません．もし古いルータを使っているようなら，ぜひ買い替えをお勧めします．

ルータを交換または新規で導入される場合は，NECのATermシリーズがお勧めです．WIRES-Xをすでに運用している人たちの間では，安定して稼動すると定評があります．

図4-2 図4-1で記入したメール・アドレスにメールが届く

図4-3 「…同意する」にチェックしてから，[同意して次へ]ボタンをクリック

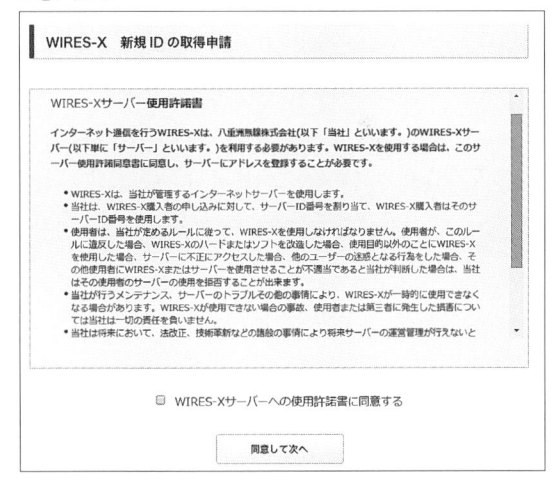

図4-4 登録内容を入力していく
会員IDとパスワードは自分で決められる．WIRES-X Webサイトにログインする際に使うので，忘れないようにしたい

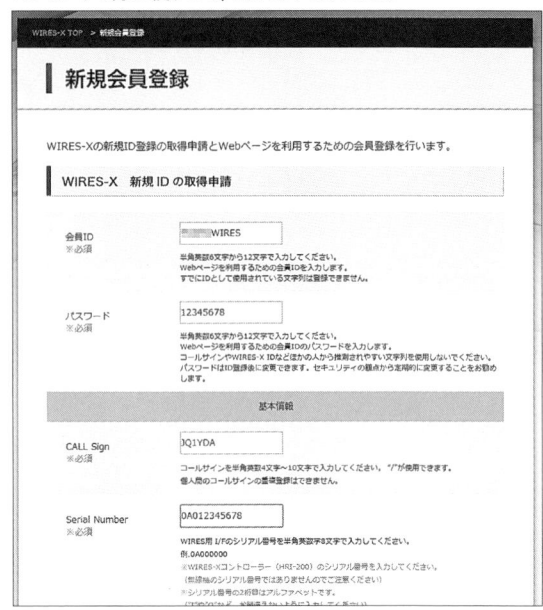

図4-5 登録内容－その他
Webで公開されているノード・リストで，公開するかしないかなどを設定できる．不特定の方と交信する可能性があるなら，ぜひ公開を

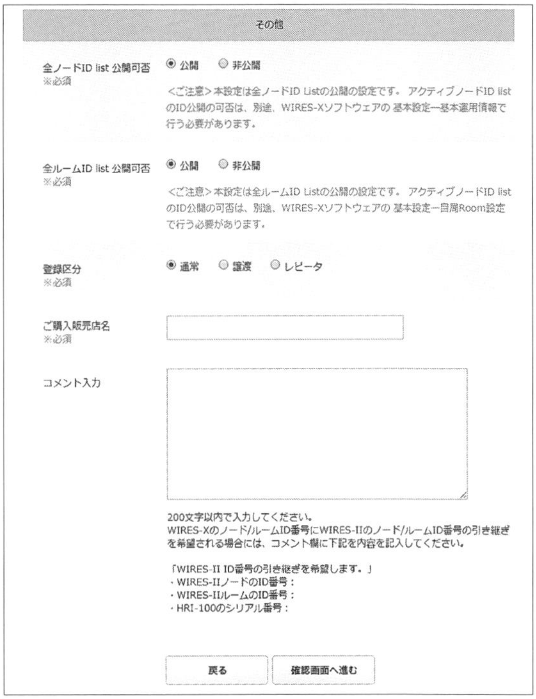

録を行います(**図4-1**～**図4-5**)．3日以内を目処に，ノード番号(＝サーバID番号)が記された通知(**図4-6**)がE-Mailで届きます．

ノード用のソフトウェア(WIRES-Xソフトウェア)は，会員登録後にログインしてからダウンロードするほか，セットアップにはWIRES-XソフトウェアID番号とHRI-200本体に書かれたシリアル番号(**写真4-3**)が必要です．

「WIRES-X接続用キット」が複数ある場合は，

76 WIRESパーフェクト・マニュアル

第4章 WIRES-Xノード構築ガイド

コラム4-4　ノードは何台まで運用可能？

ノード登録は，個人局の場合，原則として一つのコールサインにつき一つまで．社団局では複数のノードが登録できます．これはWIRES-Ⅱの時代からの自主規制で，複数のバンドでノード局を同時に運用したい場合には，社団局を構成して運用するのが一般的です．

なお，ノード一つあたり，一つのグローバルIPアドレスが必要です．一つのインターネット回線で複数のノードを運用する場合，ノードの局数ぶんグローバルIPアドレスが必要で，回線事業者から複数のグローバルIPアドレスを得るサービスを利用したり，プロバイダ契約を複数行うことで実現します．ルータも複数台必要になることもあります．

写真4-3　HRI-200のシリアル番号
本体底面のシールに記載されている"SER.NO."の右側の数字

それぞれにID番号が必要なので，台数分の新規会員登録が必要です（詳細はp.74，**コラム4-2**参照）．

図4-6　新規ID番号登録完了
登録したメール・アドレスにあてて，ノード番号が書かれたお知らせが届く（2～3日かかる）

4-2　ソフトウェアのセットアップから開局まで

この工程はノード番号（ID番号）がE-Mailで届いてから行います．工程は次のとおりです．

① ソフトウェアと説明書のダウンロード
② ルータの設定とローカルIPアドレスの固定
③ 「HRI-200デバイスドライバー」のセットアップ
④ HRI-200とパソコン/無線機の配線
⑤ 「WIRES-Xソフトウェア」をセットアップ
⑥ 「WIRES-Xソフトウェア」の設定
⑦ 運用周波数，基本情報の設定
⑧ 音声レベルの調整
⑨ アナウンスとIDの設定
⑩ ノード完成

取扱説明書に記載されている手順と若干異なりますが，本書では実際のセットアップ経験に基づき順序を決め，説明を付加しました．各作業の順番が異なっても特に問題はありません．

次に，WIRES-Xを運用するためのセットアップ方法から各種設定について，実際の運用現場にマッチした必要十分な内容を説明します．

なお，GM機能とプリセット・チャネル機能は，現在のところあまり使われていないので説明を省略します．

1. ソフトウェアと説明書のダウンロード

WIRES-Xソフトウェアと取扱説明書は，WIRES-X Webサイトでいつでも最新版がダウンロードできますから，それでセットアップすることをお勧めします．

WIRES-X Webサイトで会員ログインをすると，ページの左側のメニュー欄に「ノードオーナーページ」という項目が加わるので，そこを選ぶとダウンロードできるページに飛びます．

ダウンロードするのは，WIRES-Xソフトウェア（最新版）とHRI-200取扱説明書，ノード局インターネット回線設定ガイドです．本書を読むだけでセットアップできますが，念のため，これらの説明書類もダウンロードしておきましょう．

2. ルータの設定とローカルIPアドレスの固定

ルータとは複数のパソコン（LAN）とインターネット（WAN）をつなぐ装置で，パソコンが2台以上ある家庭や小規模なオフィスに広く普及しています．

ルータを使わない場合，この作業は省略可能ですが，ルータを利用している場合には，「UDPで六つのポート番号」のデータが，WIRES-Xソフトウェアが動くパソコンに入出力できるようにします．

WIRES-Xの設定ではここが最も難関なのですが，UPnP機能を使えば必要最低限のアクションで設定が可能ですから，このポート番号がどうのという設定は「そういうものがあるのだな，UPnPという機能がやってくれる」という理解でひとまずは十分です．

次に，一般的なUPnPに対応したホーム・ルータを使う場合の手順を紹介します．

なお，この設定はすでにインターネットが使えるまで自力で設定済みであることが前提です．

■ ローカルIPアドレスを固定する

IPアドレスとは，インターネット内でパソコンを特定するための番号です．インターネット回線側とルータの通信に使われるものをグローバルIPアドレス，ルータとパソコンの通信に使われるものをローカルIPアドレスと呼びます．

グローバルIPアドレスは，インターネット回線事業者が自動的に割り当ててきます（それをルータが自動的に受け取る）．

ローカルIPアドレスはユーザーが自由に決められますが，それもルータが勝手にやってくれます．

しかし，WIRES-Xを使う場合には，ローカルIPアドレスを電源をオン・オフするたびに異なるものを割り当てられてはまずいので，いつも同じローカルIPアドレスになるように設定します．その手順を**図4-7**〜**図4-9**に順を追って示します．

設定後，インターネットのWebサイトがちゃんと見られるかどうか確認して，見えるようになったら，次に進みます．

3. 「HRI-200デバイスドライバー」のセットアップ

1.でダウンロードしたwx0000jp（zipファイル，0000の部分はバージョン番号）をクリック．表示されたフォルダの内容を別のフォルダにコピーしてから，そこにあるInstall（アプリケーション）を実行します．「次のプログラムにコンピュータの変更を許可しますか？」には「はい」を．

すると**図4-12**（p.80）のようなメニューが出るので，「HRI-200デバイスドライバー セットアップ」を選択します．

第4章　WIRES-Xノード構築ガイド

図4-7　コントロール パネル（アイコン表示に設定）→「ネットワークと共有センター」を開く

図4-8　［詳細（E）］をクリック

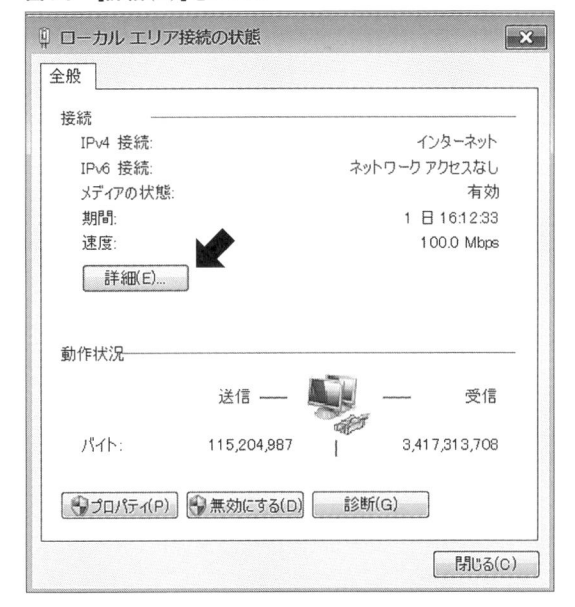

図4-9　「IPv4 アドレス」「IPv4 サブネット マスク」「IPv4 デフォルト ゲートウェイ」「IPv4 DNSサーバ」の値をメモして，［閉じる］をクリック

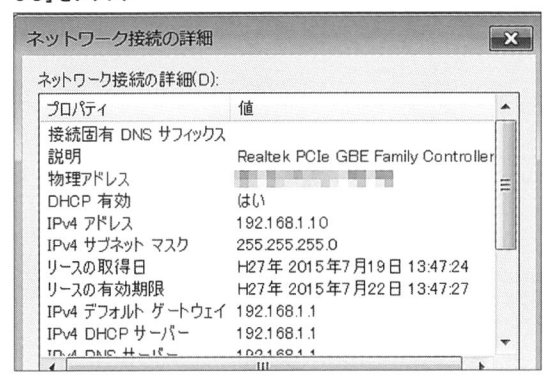

図4-10　再び図4-8のウィンドウで［プロパティ］をクリックして，「インターネット プロトコル バージョン4（TCP/IPv4）」をクリック．そのあと［プロパティ］をクリック

図4-11　「次のIPアドレスを使う（S）」で，図4-9でメモした値を各欄に入力する
その際，IPアドレス（I）で「．（ドット）」以下一番右の数値を200（など，100〜200ぐらいの数値）に設定する

WIRESパーフェクト・マニュアル　79

図4-12 インストール・メニュー
「HRI-200 デバイスドライバー セットアップ」を選択

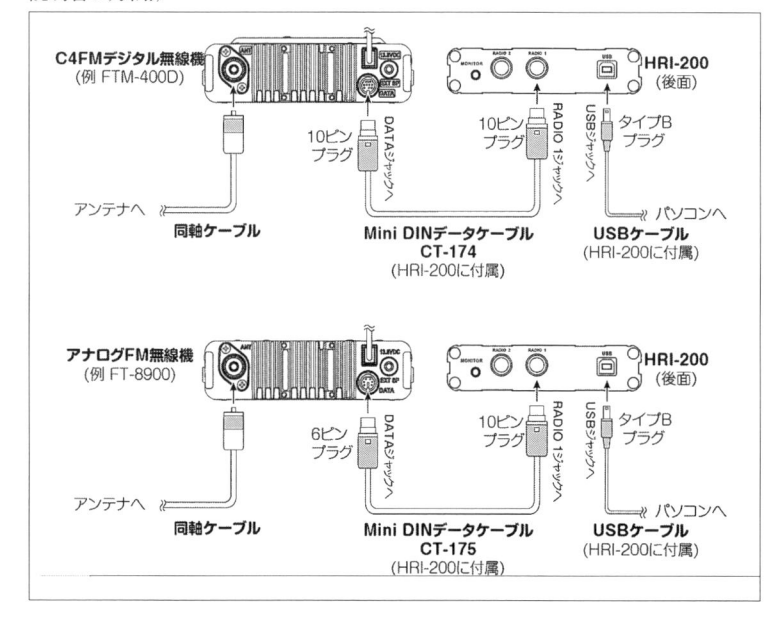

図4-14 インストール先の指定

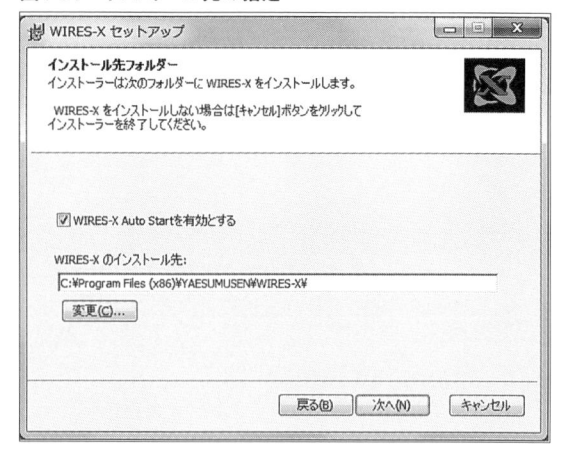

4. HRI-200とパソコン/無線機の配線

　「USBにHRI-200を接続してください」というメッセージが表示されたら，**図4-13**のようにパソコンと無線機を配線します．HRI-200とパソコンの接続から始めましょう．

　「このデバイス・ソフトウェアをインストールしますか？」という問いには，「インストール」をクリックします．

図4-13 HRI-200とパソコン，トランシーバの配線（WIRES-X接続用キットHRI-200取扱説明書より引用）

5.「WIRES-Xソフトウェア」をセットアップ

　もう一度インストールを実行して，**図4-12**のメニューから「WIRES-Xソフトウェア セットアップ」を選びます．対話形式なので，「インストール」や「はい」，「次へ」を選択しながら進みます．

　図4-14の場面で「WIRES-X Auto Startを有効にする」にチェックしておくと，パソコンが起動したときなどに自動的にWIRES-Xが起動するので，パソコンをノード専用で使う場合に便利です．

6.「WIRES-Xソフトウェア」の設定

　初めて起動すると，**図4-15**のような警告が出ることがありますが，必ず「アクセスを許可する」を選びます（そうしないと動かない）．するとWIRES ID Activationウィンドウ（**図4-16**）が出てきます．

　ポート・チェックを左クリッ

80　WIRESパーフェクト・マニュアル

第4章　WIRES-Xノード構築ガイド

クして，さらに出てきたウィンドウで「UPnP自動登録」にチェック．「開始」を左クリック．そして六つの「NG」が「OK」に変化します（**図4-17**）．

これはルータのUPnP機能で，ポートの設定を自動で行ったものです．ここが変化しない場合は，ルータの設定でUPnP機能自体が有効になっているかを確認しましょう．

OKに変化したことを確かめたら，「閉じる」を押せば**図4-16**のウィンドウに戻りますから，交付されたDTMF IDのNodeとRoomのそれぞれの5桁の数字を入力して「認証」ボタンを押します．すると，User ID，CallSigh，都市，都道府県，国の欄が自動的に設定され，ウィンドウが閉じ，何も表示されていなかったWIRESソフトウェアの左半分に，ノード・リストが鮮やかに表示されます（**図4-18**）．

7. 運用周波数，基本情報の設定

動作を理解するまで，「ダミーロード」または，あえて「飛ばないアンテナ」でノードを運用されることをお勧めします．

■ 無線機をHRI-200モードで起動

FTM-400D/DH，FTM-100D/DHをノード運用に使う場合は，電源オフの状態から[Dx]と[GM]キーを押しながら，電源をオンにします．

■ 運用周波数の設定

WIRES-Xソフトウェアを起動して，メニュー・

図4-15　Windowsセキュリティの警告表示
ここでは「プライベート・ネットワーク」にチェックして，「アクセスを許可する」を必ずクリック

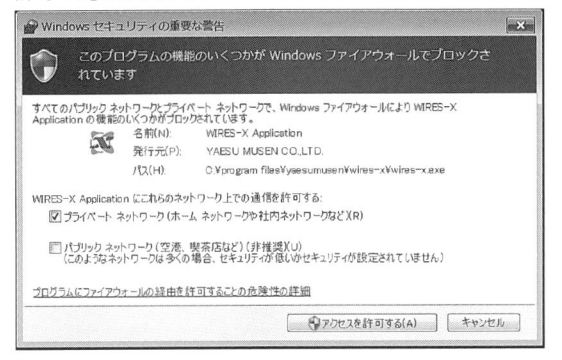

図4-16　WIRES-ID Activationウィンドウ
このウィンドウは初めて起動したときに出現する，アカウント設定のためのウィンドウ

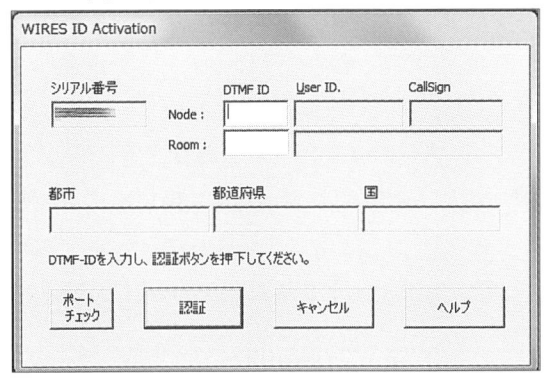

図4-17　通信ポートチェック・ウィンドウ
UPnP自動登録にチェック．開始ボタンをクリックすることで，NGがすべてOKに変化する

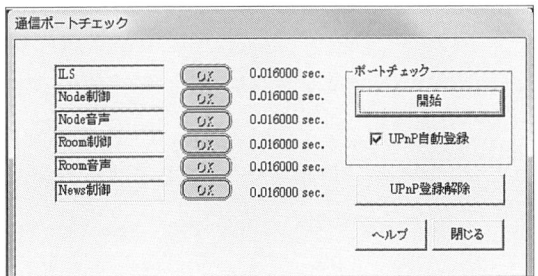

図4-18　認証設定が終わるとノード・リストに内容が表示される

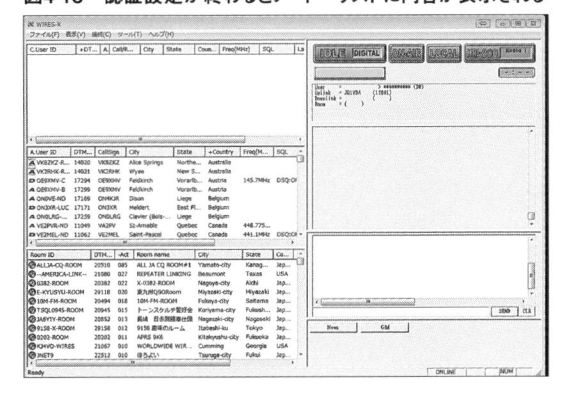

バーからファイル(F)→無線機(T)を選び，**図4-19**を参考に，無線機の動作，通話CHを設定しましょう．無線機動作はデジタル運用(C4FM)，またはアナログ運用(FM)のいずれかを選びます(お手持ちのアクセス用無線機による)．

設定のポイントは，周波数については144/430 MHzのVoIP通信区分内(10kHz台が偶数のもの．例：430.72MHz)に．SQLタイプはNo ToneやDSQ OFFは避けましょう．例えば，DSQは123などの数値に，またはTone SQLを88.5Hz以外の数値にすることをお勧めします．

他局の利用を想定しない運用の場合は，通話CH欄の「周波数非公開」にチェックしておきます．

「適用」を押すことで，C4FM対応トランシーバの場合は，デジタル/アナログ運用を問わず周波数や送信出力，スケルチ種別(SQLコード)などが自動的に設定されます．

一方，FMトランシーバを使う場合は，自動的に設定されないので，トランシーバ側の操作で周波数，トーン周波数，トーン・スケルチを有効に(TSQ，T-TRX，ENC/DEC，CTCSSなどの表示

図4-19　無線機設定

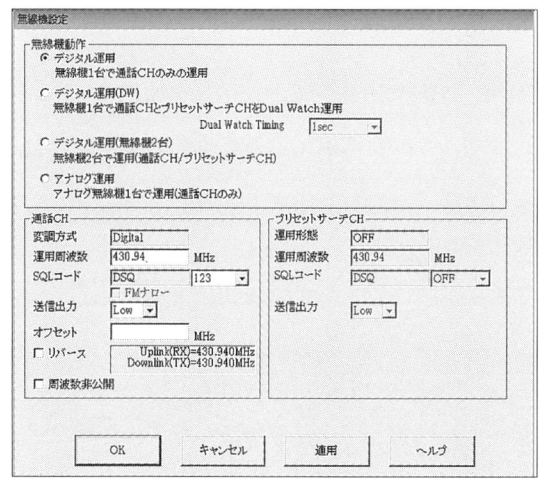

図4-20　設定ウィンドウ

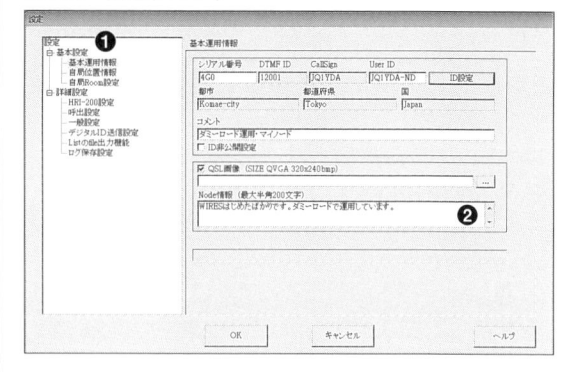

が出るように)設定します．これらC4FM対応トランシーバ以外のFMトランシーバの設定は，それぞれの説明書を参照願います．

■ 基本情報を設定する

ファイル(F)→設定(T)で基本情報を設定しましょう．**図4-20**の❶の部分にWIRES-Xの基本的な設定，つまり一度設定すれば変更の可能性が低い設定が集まっています．❶の部分から「基本運用情報」を選び，❷のようにコメントを設定しておきましょう．

ここに書いたコメントは「無線機設定」ウィンドウで記入した周波数(周波数非公開にチェックした場合を除く)とともに，他局のWIRES-Xソフトウェア，Webサイトでおよそ10分以内に公開されます．

■ 表示関係の設定

これは，実運用で便利に使うためのお勧めの設定です．

表示(V)→グループウィンドウ設定で「接続中Node」にチェックします(**図4-21**)．こうすることで，左上のグループウィンドウに，ルームに接続しているノードの情報がリストされるようになります(ルームに接続中のみ表示)．

第4章　WIRES-Xノード構築ガイド

図4-21　グループ ウィンドウ設定

図4-22　LOCAL（ローカル）表示
ノード用トランシーバのスケルチが開いたときのみ，LOCAL表示が緑色で表示されれば正常

図4-23　オーディオ調整メニュー
ノードが送受信する音声のレベル調整は，このメニューで行う

8. 音声レベルの調整

■ スケルチの確認

7.の作業でセットしたノード用トランシーバとアクセス用トランシーバの周波数とモード（DNまたはFM）を合わせて，送信してみましょう。

FMの場合はトーン・スケルチの周波数（TONE FREQ）を合わせ，トーン・スケルチ機能を有効にします。

ここまで設定して，PTTボタンを押すと，それに合わせてLOCAL表示（**図4-22**）がグレーから緑色に変わります。

FMの場合はノード用トランシーバのスケルチを左側に回しきって，LOCAL表示が灰色のままであることを確認しましょう。ここで緑色に変わったら，トーン・スケルチが効いていません。トーン・スケルチの設定を再確認しましょう。

■ 音声レベルの調整

次に音声レベルを調整します。WIRES-Xソフトウェアで，表示(V)→オーディオ調整(R)をクリックすると「オーディオ調整」（**図4-23**）が現れます。このウィンドウで設定を行いますが，FM運

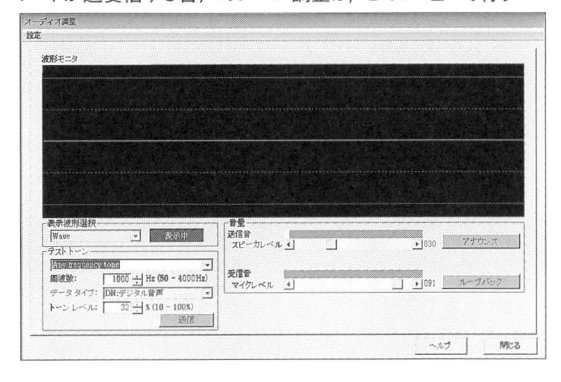

図4-24　プリセット音量の選択と実行

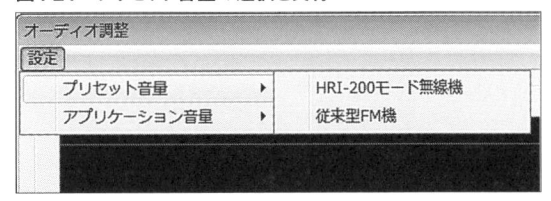

用の場合とC4FMデジタル運用の場合で若干異なるので，分けて説明します。

■ C4FM運用の場合

オーディオ調整ウィンドウの左上にある［設定］をクリックして，プリセット音量→HRI-200無線機を選択すれば音声レベルの調整は終了です（**図4-24**）。

■ FM運用の場合

まずは，オーディオ調整ウィンドウ（**図4-23**）の左上にある［設定］をクリックして，プリセット音量→従来型FM機を選択し設定します。

(1) インターネット側に送る音声のレベル調整

表示波形選択のところにある表示ボタンをクリ

WIRESパーフェクト・マニュアル | 83

図4-25 FM運用時のレベル調整
インターネットに送る音声レベル調整のようす

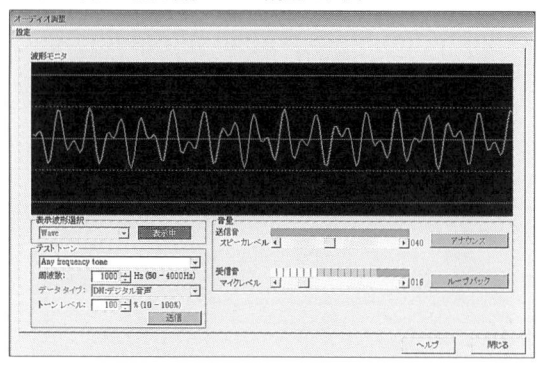

図4-26 ノードの送信音声レベル調整
テストトーンのレベルを30にして，[送信]ボタンをクリック

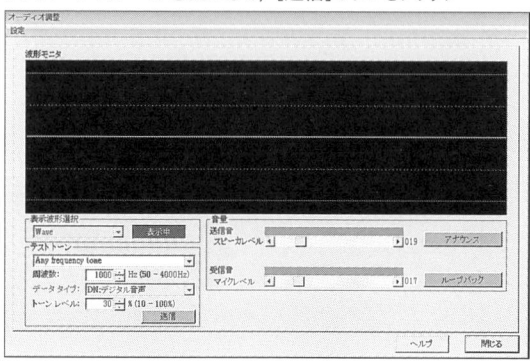

ックして「表示」にします→アクセス用のトランシーバからDTMFの[1]を送信し続けます→受信音のスライダーを調整して，波形の上下幅がグラフの破線内に収まるように調整します（**図4-25**）．

(2) インターネット側からきた音声のレベル調整

テストトーンのトーンレベルを30にして，[送信]ボタンをクリックします（**図4-26**）．テストトーンが送信されるので，歪まないように送信音のスライダーを調整します．

(3) HRI-200のDTMFミュート機能設定（FM運用時のみ）

ファイル(F)→設定(P)のウィンドウの左側にあるツリー表示でHRI-200を選択→「HRI-200設定確

図4-27 HRI-200設定メニュー
HRI-200の機能の設定による音声レベル，音質などの設定が可能

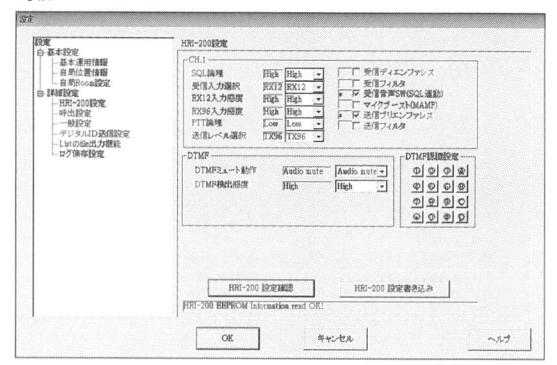

認」ボタンをクリック．DTMFミュート動作をAudio mute，DTMF検出感度をLowに設定して，「HRI-200設定書き込み」ボタンをクリックします（**図4-27**）．そのほかの項目を変更した場合は，「HRI-200設定書き込み」ボタンをクリックした時点で設定が反映されます．

この設定を行っておかないと，C4FMで運用する局の迷惑になることがあるので，よほどのことがないかぎりはDTMFミュート動作をAudio muteに設定しておきましょう（ただし音声レベル調整のときには，DTMFミュート動作をOFFにする）．

(4) HRI-200側の音声レベル・フィルタ機能設定（アナログFMのみ）

ファイル(F)→設定(P)のウィンドウの左側にあるツリー表示でHRI-200を選択→「HRI-200設定確認」ボタンをクリック．「HRI-200設定」メニュー（**図4-27**）が現れるので，ここで設定します．

FM運用時にオーディオ調整メニューで調整しきれなかったり，レベル表示と実際の音声入出力レベルに明らかな矛盾がある場合は，RX12入力感度，送信レベル選択の値を切り替えてみたり，「マイクブースト」にチェックを入れて試してみま

しょう．

　フィルタ関係は，送信音声がこもって聞こえる場合，「送信プリエンファシス」にチェックを入れると高音域が強調されて聞きやすくなります．そのほかの設定項目は，古いトランシーバや八重洲無線製以外のトランシーバで不具合があるときにカット&トライで設定すると，改善される場合があります．

　ここで設定を変更した場合は，「HRI-200設定書き込み」ボタンをクリックした時点で設定が反映します．

　ここまでくれば，ほかのノードに接続して実際に交信することができます．

9. アナウンスとIDの設定

　C4FMノードの場合は，ノードのコールサインや接続先がディスプレイに表示されて一目瞭然ですが，FMの場合は視覚的にそれらがわからないので，自動音声（アナウンス）で読み上げる機能が付いています．セットアップ直後はこれらがオフに設定されているので，有効に機能するように設定しましょう．

■ IDとアナウンスの設定（FM運用時のみ）

　ファイル(F)→設定(P)のウィンドウの左側にあるツリー表示で，音声出力設定を選択して設定します．

　図4-28にお勧めの設定を示します．接続応答設定は「音声アナウンス」にしておくと，接続したときにどこにつながったのかアナウンスしてくれるので便利です（それ以外ではどこに接続したのかわからない）．

　定期的にノード局のコールサインを送信するID機能は，音声アナウンスのほか，CWまたはオリ

図4-28　音声出力設定
FM運用時のIDとアナウンスの設定はここで行う

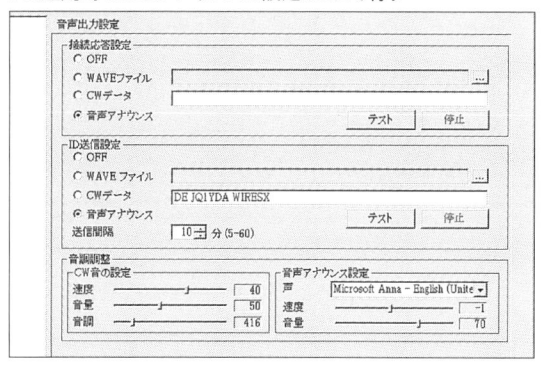

図4-29　デジタルID送信設定
C4FMで運用時に有効．定期的にルーム接続局数などの情報が送信され，ディスプレイに表示される

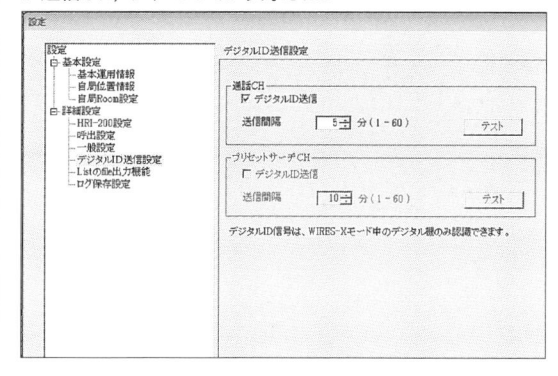

ジナル音声が送信できます．こちらも音声アナウンスにしておくと，ルームに接続しているときに，ルームの接続局数をアナウンスしてくれる（設定による．後述）ので，これも音声に設定しておくと便利です．音調調節は好みで調整するとよいでしょう．**図4-28**の例は平均的な値です．

■ デジタル運用時のID（C4FM運用時のみ）

　ファイル(F)→設定(P)のウィンドウの左側にあるツリー表示で，デジタルID送信設定を選択．通話CHの「デジタルID送信」にチェックを入れ，送信間隔を設定しておくと（**図4-29**），設定した時間ごとにIDが送信されます．

　ノードにアクセスしているトランシーバのディ

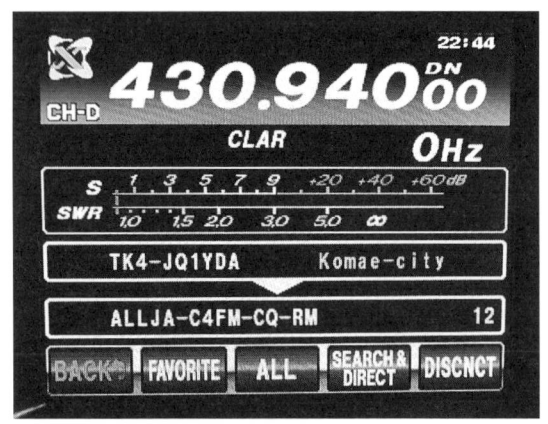

写真4-4　接続時の表示（FT-991の例）
ルーム接続時は，接続しているルーム名の右側にルーム・インしている局数が表示され（この写真は12局），IDの受信により更新される

図4-30　アクティブ・ルーム・ウィンドウ
いわゆるルーム・リスト．接続したいルームを選び，右クリックで出てくるメニューで接続できる

スプレイに，接続先と接続局数（ルームの場合）の表示がIDの内容に従って更新されます（**写真4-4**）．ノードに接続していないトランシーバには何も表示されません．今後の活用に期待がかかります．

10. ノード完成

以上の設定を行えば，個人用としても公開ノード（オープン・ノード）としても「使える」ノードがセットアップできました．

さっそく，ダミーロードまたは飛ばないアンテナで個人ノードを運用し，WIRES-Xノードのソフトウェアの画面を見ながら交信にチャレンジしましょう．

■ さっそく接続して交信してみよう

WIRESソフトウェア画面の左下に，ラウンド

QSOルームの一覧表が表示されています．この中から適当なルームを右クリック．出てくるメニューで「接続」を選べば（**図4-30**），ルームに接続（ルーム・イン）できます．

ルームに接続すると，WIRES-Xソフトウェアの画面の左上のウィンドウ（グループ・ウィンドウ）に，同じルームにいるノード（＝接続局）のリストが表示され，その上にタイル状にノードID番号が表示された「接続局ID表示」が出現します（**図4-31**．マウスでドラッグすると移動できる）．

ここでノード・アクセス用トランシーバで送信すると，その音声は接続局ID表示のノード（この例では9局）すべてに同時配信され，各ノードで送信されるので，ここに接続されているノードを利用する全員と交信のチャンスがあります．

さあ，さっそくCQを出したり，聞こえてきたCQに応答してみましょう．慣れたら公開ノードを運用して，他局にサービスしてみるのも楽しいものです．健闘を祈ります．

図4-31　接続局ID表示
タイル状にノードIDが表示され，音声を送信中のコールサインとノードのIDが表示される

4-3 WIRES-Xソフトウェアの操作とアレンジ

ここからは，現在のWIRES-Xソフトウェアの機能とふるまい，そして運用を便利に行うためのお勧め設定を紹介しましょう．とにかく「これさえ知っていれば，まずはOK！」という内容に絞って紹介したいと思います．

メイン画面の意味とヒント

図4-32は実際に稼動しているノード(JQ1YDA)のメイン画面です．左半分にノード・リスト類，右半分に動作状況が表示されています．次に図4-32に付された❶〜⓫までの部分について説明します．

❶ メニュー・バー

WIRES-Xソフトウェアのおもな機能を呼び出します．ファイル(F)は基本的な設定．表示(V)には表示に関するものだけではなく，運用を開始してから設定したり微調整が必要な項目が集まっています．接続・接続解除(切断)は❸，❹のウィンドウで接続したいノードやルームを選んでから，❶にある接続(C)で行えます．

図4-32 WIRES-Xソフトウェアのメイン画面

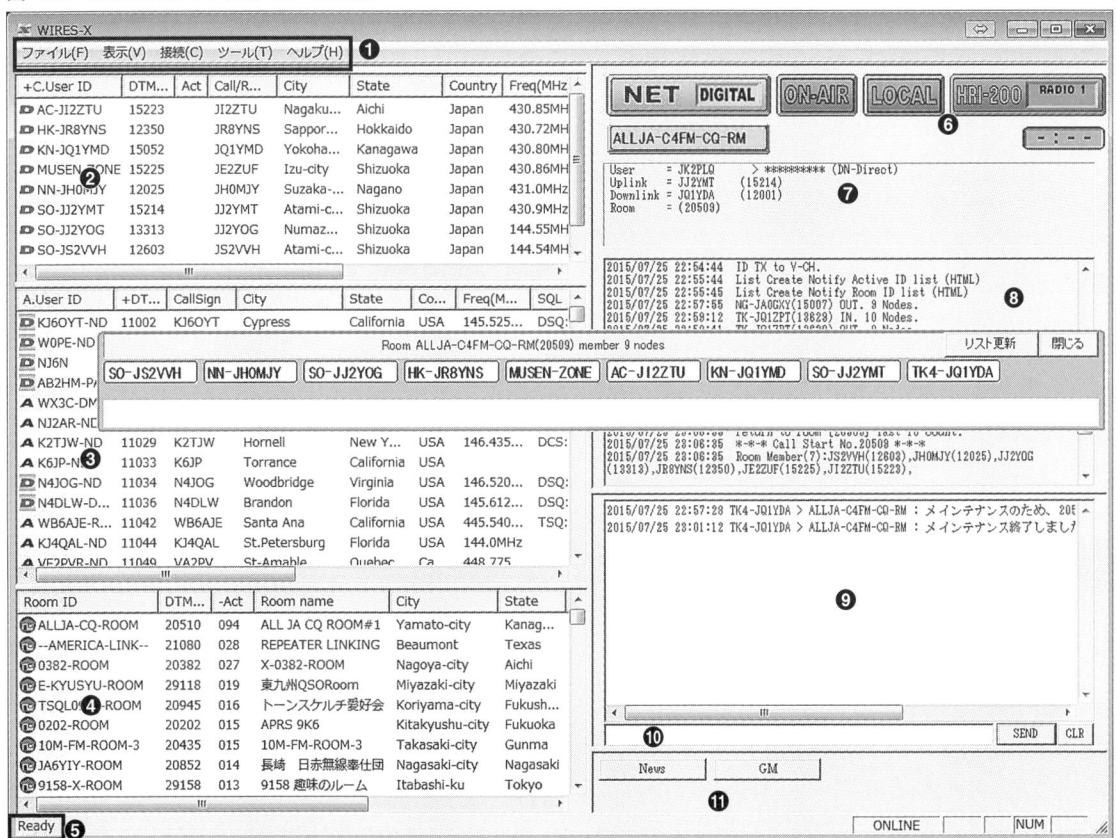

❷ **グループ・ウィンドウ**

ノードやルームを絞り込んで表示する部分．表示する内容は，ブックマーク表示/接続中Node/自局Room接続Nodeの中から一つが選べます［メニュー操作：表示(V)→グループ・ウィンドウ設定］．

通常は「接続中Node」を選び，ルームに接続している局の情報を表示させると便利です．

❸ **アクティブ・ノード・ウィンドウ**

稼働中の全ノードが表示されます．リストの表題部の各項目の境界線をドラッグすると表示桁数が変更でき，項目名をクリックすると，表示順序が変化します（ほかのリストも同様）．

❹ **アクティブ・ルーム・ウィンドウ**

稼働中のルームが表示されます．起動直後は管理サーバからノード・リストを取得するため，表示に時間がかかる場合があります．

❺ **ステータス・バー**

WIRES-Xソフトウェアの状態が表示されるほか，マウス・カーソルを合わせたメニュー項目の説明などが表示されます．

❻ **ステータス・インジケータ**

ノードの動作状況がアイコンで表示されます．ノードが特に動作していない場合は，NETのみが緑色で表示されます．LOCALが常に水色で表示されていたり，ON-AIRが常に赤色で表示されている場合は，設定の不備が考えられます．

ON-AIRの部分をクリックすると，ON AIR LOCK（ノードの緊急停止）が行えます．

❼ **利用局モニタ・ウィンドウ**

アクセスしている局，送受信しているノードやユーザーのコールサインとID番号が表示されます．

❽ **ログ・ウィンドウ**

WIRES-Xソフトウェアの動作に関する履歴が表示されます．自分のノードの動作履歴，ルームに接続しているノードの接続・切断履歴などが表示されます．表示する履歴はノード/ルーム/Newsの中から一つが選べます［メニュー操作：表示(V)→設定→ログ情報］．

❾ **チャット・ウィンドウ**

接続中のノード運用者や，同じルームに接続中のノード運用者と，テキストで会話（チャット）するときのテキストが表示される部分です．

ルームに接続している場合は，同じルームに接続しているすべてのノードにテキストが表示されるので，お知らせが書かれる場合もあります．

❿ **チャット入力欄**

ここにテキストを入力しSENDを押すことで，❾の欄で会話したり，メッセージを送ることができます．一度送った内容は取り消せないので慎重に．特定のノードにメッセージを送りたい場合は，ノード・トゥ・ノードで接続してからメッセージを書いて送ります．

⓫ **ファンクション・ウィンドウ**

News（ニュース・ステーション）の操作やGM（グループ・モニタ）機能の起動ボタンが配置されています．

接続時に出てくるウィンドウ

■ **QSLビュー・ウィンドウ**

ノードやルームに接続すると，QSLビュー・ウィンドウがポップアップします（**図4-33**）．このウィンドウには接続したノードやルームの「QSL画像」が表示され，その下にノード情報またはルーム情報と接続局のID番号が表示されています．

これらの情報は設定ウィンドウの基本運用情報，自局Room設定（**図4-34**）で登録できます［メニ

第4章　WIRES-Xノード構築ガイド

ュー操作：ファイル(F)→設定→基本設定−基本運用情報,自局Room設定］．QSL画像を見せたい，あるいは見たい場合は，「QSL画像」のチェックを付し，画像データ(BMP形式，320×240ピクセル)を作成して設定するとよいでしょう(BMP形式はWindows付属のペイント・ソフトで扱える)．

この接続時の画像に関しては「QSLビュー」と呼んでいますが，QSLというだけあり，実際に接続したときに初めて見られるものです．

p.87の図4-32 ❷〜❹のリストから，表示させたいノードまたはルームを右クリックして「情報表示」を選択しても見られますが，この場合，過去に接続したことがあるノードやルームのみ，QSL画像が表示されます．

QSLビュー・ウィンドウはメイン画面の上に現れるので，じゃまな場合は「閉じる」をクリックすれば消えます．

■ 接続局ID表示

ルームに接続すると接続局ID表示のウィンドウ(図4-35)がポップアップします．これは，ルームに接続されているノードがタイル状にリストされるもので，音声をルームに送っているノードが，緑色でリアルタイムに表示されますから，どこのノードのユーザーが送信しているのか一目瞭然です(図4-36)．C4FM運用ノードの場合は，ノードのコールサイン(ID番号)とノードを使っている局のコールサインも表示されます(FM運用ノードの場合は表示されない)．

接続局ID表示はメイン画面の上に現れるので，じゃまな場合は，「閉じる」をクリックすれば消えます．再び表示させたい場合は，メニュー・バーから，表示(V)→接続局ID表示(I)で再表示が可能です．また，詳細を知りたいノード表示の部分で右クリックすると，詳細が表示できます．

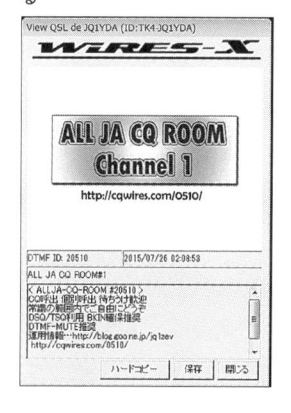

図4-34　自局Room設定

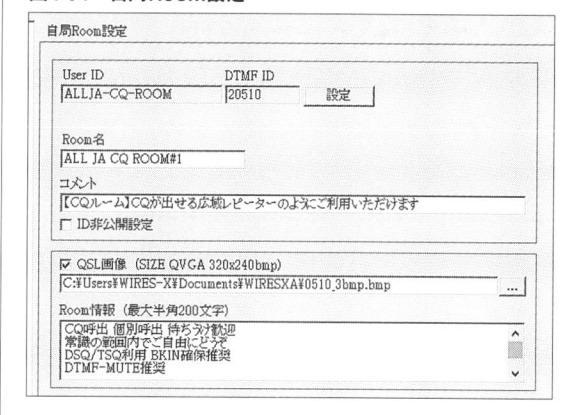

図4-33　QSLビュー・ウィンドウ(画像設定あり)
画像登録がある場合，接続するとルームやノード運用者が設定した画像と情報が表示される

図4-35　接続局ID表示
ルームに接続すると，ノードのコールサイン(DTMF ID)がタイル状に表示される

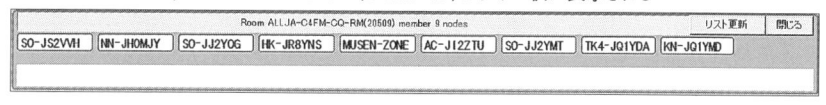

図4-36　ノード・ユーザが送信中の接続局ID表示
JQ1YDAがTK4-JQ1YDAノードをアクセスして送話中のようす．ユーザーのコールサインがWIRES-Xソフトウェアでも一目瞭然(C4FMでアクセスした場合)

4-4　ノードの設定をアレンジする

　WIRES-Xソフトウェアをセットアップすると，WIRES-Xネットワーク全体を見渡すことができます．各リストには自局の情報も公開されますから（非公開にもできるが，仲間うちのみでノードを使う場合以外はお勧めできない），対外的なアピールにも効果的です．また，WIRES-Xネットワークの実態に合わせた設定を行うことも大切でしょう．

　ここでは，運用現場の実態に合った設定を行うことで既存ノードや利用者と協調し，より楽しく便利に使える設定例を紹介します．まずは例のように設定して運用してみましょう．

　理解が進んだら，自局の運用スタイルにあった内容にさらにアレンジするとよいと思います．

ユーザーIDに運用地を示す文字を付加しよう

　ノードやルームは，ユーザーID，DTMF ID，コールサイン（ルームの場合はオーナーのコールサイン）という三つの属性を持ちます（図4-37）．

　ユーザーIDはC4FM運用における接続先検索と指定に使われるもので，いつでもWIRES-Xソフトウェア上の設定で変更ができます（初期値は"コールサイン-ND"）．

　DTMF ID（ノード番号とも呼ばれる）はおもにFM運用時の接続先指定に使われるもので，ユーザー登録時に自動的に割り振られます．

■ ユーザーIDを変更しよう

　まずは，ユーザーID（ノードID）の変更をお勧めします．設定画面と設定例を図4-38に示します．

　ユーザーIDを「SSコード－コールサイン」とい

図4-37　ノードやルームは三つの属性を持っている

+A.User ID	DTMF ID	CallSign	City	State
KN-JL1CTA	15889	JL1CTA	Fujisawa-city	Kana
KN-JL1PEE	15289	JL1PEE	Kawasaki-city	Kana
KN-JQ1YFU	15299	JQ1YFU	Yamato-city	Kana

Room ID	DTMF ID	-Act	Room name
ALLJA-CQ-ROOM	20510	108	ALL JA CQ ROOM#1
0382-ROOM	20382	032	X-0382-ROOM
--AMERICA-LINK--	21080	025	REPEATER LINKING
E-KYUSYU-ROOM	29118	022	東九州QSOroom

う書式に変更，運用形態はOpen，News設定が読み書き可であることを確認して，「適用」ボタンをクリックします．その理由を次に続けます．

■ C4FM運用ではユーザーIDが重要

　実際にWIRES-Xのノードをアクセスして，ほかのノードに接続したり（ノード・トゥ・ノード），いろいろなルームを渡り歩いてみると，WIRES-XのC4FM運用では，自由に設定できるノードID（＝ユーザーID）やルームID（10文字以内の英数字）で接続先の指定を行うことが主流ということに気づかれると思います．

　要するに，SEARCH & DIRECTでID文字列の全部または一部をキーワードにして検索し，接続先を指定します．一度使うと，それ以外の方法がとてもまどろっこしく感じるようになります．

　そこで重要となってくるのが，ノードIDやルームIDの頭文字です！

　SEARCH & DIRECT機能で接続先のルームやノードを指定するとき，ノードやルームIDがセットアップ時の「コールサイン－ND」のままだと，「J」や「7」をキーワードに検索することになりますから，結果がたくさん出てきて探すのが大変です

第4章　WIRES-Xノード構築ガイド

図4-38　ユーザーID設定
メニュー操作：ファイル(F)→設定→基本設定－基本運用情報
→「ID設定」ボタンをクリック

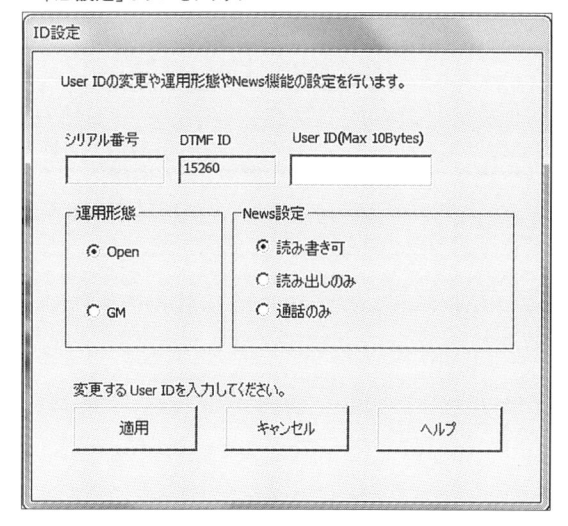

図4-39　WIRES-Xノード検索
SSコードは，**http://jq1yda.org/i/db-x/**の都道府県検索のプル
ダウン・メニューの中にも書かれている

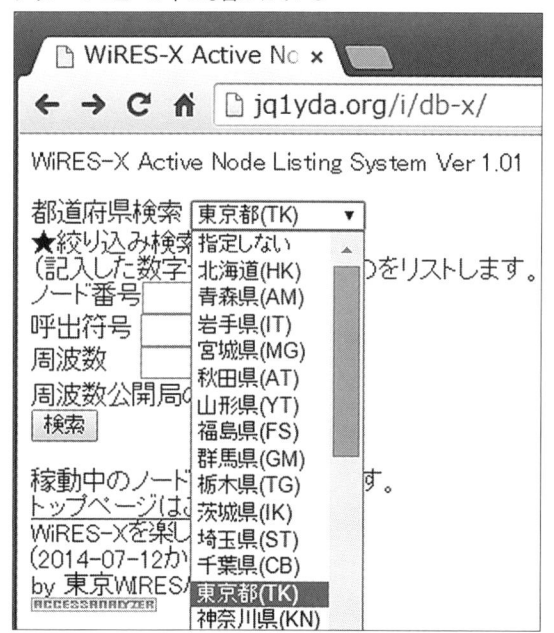

（例えば"J"で検索すると結果は500件以上！）．

　かといって，コールサインの6文字でピンポイントで検索するのも入力が面倒です．

　そこで，現在多くの人が採用しているノードIDの付け方が，「SSコード－コールサイン」なのです．

■ お勧めのノードID

　ノードが運用されている都道府県を示す2文字を，ノードIDの頭に付けることをお勧めします（例："KN-JQ1YFU"）．

　この2文字は，APRSの分野で提唱されているエリア・デジピータの地域を示す2文字(SSコード)を流用したもので，各都道府県すべてに，それぞれ2文字が割り当てられています．例を挙げると，東京ならTK，神奈川ならKNです(SSコード・リストは第6章「資料編」参照)．

　例えば，東京都内で運用しているJQ1YDAならTK-JQ1YDAになります(**図4-38**)．この2文字を調べるには，「WIRES-Xノード検索」で地域を選択するプルダウン・メニューを開いてみましょう(**図4-39**)．都道府県名の右側の括弧の中に書かれている2文字がそれです．

　こうすることで，例えば東京都内のノードにつなぎたい方は，SEARCH & DIRECTでTまたはTKをキーワードに検索すれば，東京のノードがリストアップされてとても便利です(p.92，**写真4-5**，**写真4-6**)．

■ アクセスする側のトランシーバのコールサイン
　設定は？

　このSSコードを含めたノードIDの設定は，ノードの検索に役立てるためなので，ノード・アクセス用のトランシーバにはコールサインだけを入れればOKです．

ノード情報を公開しよう

　ノードは，おもに自分自身で使うプライベート・ノード(マイ・ノードやPNDと表現される)と，他

写真4-5 SEARCH & DIRECTの表示結果①
"J"をキーワードに検索した結果，ユーザーIDやルームIDが初期値のままの局を中心に531件もヒットしている

写真4-6 SEARCH & DIRECTの表示結果②
"TK"をキーワードに検索したところ，東京のノードを中心に13件ヒット．だいぶ絞り込まれた

局へ積極的に利用を促すオープン・ノードに大別されます．WIRES-Ⅱでスタートしてから十数年以上に渡るWIRESの歴史上，公共性を意識した運用が積極的に行われてきたという背景もあり，その局数を比較すると後者が多いようです．

オープン・ノードを探して交信しようとするユーザーが，マイ・ノードかオープン・ノードかを知る方法は何かというと，Webで公開されているノード・リストです．運用を始めたら，早めに基本運用情報を設定しておきましょう．

基本運用情報の設定メニューを図4-42に示します．ここの内容を変更していきます．

■ コメント設定例

図4-40❹に書かれた内容のうちシリアル番号以外が，八重洲無線のWebサイトや，ユーザーが運営しているWebサイトのアクティブIDリストで公開されます．

ここのコメント欄にノードがオープンなのがマイ・ノードなのかがわかるように書いておくとよいでしょう．

ID非公開設定にチェックを付すことで，アクティブIDリストに表示されなくなります．

図4-40 基本運用情報の設定
メニュー操作：ファイル(F)→設定→基本設定－基本運用情報

■ WIRES-Xソフトウェア上だけで見られる情報

図4-40❺の内容は，WIRES-Xソフトウェアの「情報表示」でのみ表示されるので，使い分けが可能です．

■ ノードの位置情報の設定

ノードの位置(緯度経度)を設定できます(図4-41)．FM運用ノードの場合，ここで設定した位置情報が交信相手に送られます．それにより，C4FM対応ノードの緯度経度から割り出された局間距離が表示されます．だいたいの位置でもいいので，入力しておくとよいでしょう．

第4章　WIRES-Xノード構築ガイド

図4-41　自局位置情報の設定
メニュー操作：ファイル(F)→設定→基本設定－自局位置情報

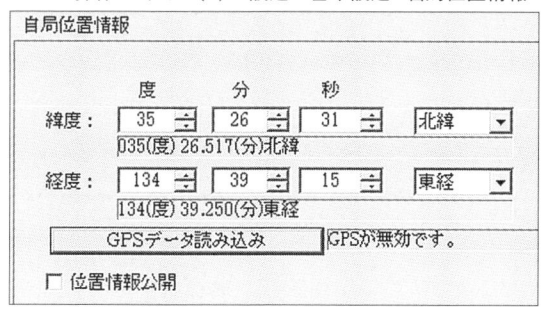

図4-42　一般設定
切断タイマーの設定はこのメニューの中にある．メニュー操作：ファイル(F)→設定→基本設定－一般設定

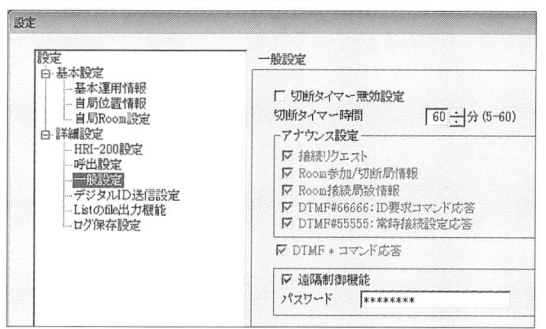

なお，GPSアンテナ搭載機種（FTM-400D/DH，FTM-100D/DH）をノードに使用する場合は，「GPSデータ読み込み」ボタンをクリックすれば，無線機で測位した情報を転記できます（測位できている場合）．

接続時間をアレンジする

■ 切断タイマー

セットアップが終わり，ALL JA CQ ROOMなどにアクセスしてワッチしていると，10分間で「ププププ」という音と共にルームやノードとの接続が解除されてしまうことに気づくと思います．

この接続から切断までの時間を「一般設定」のメニューでアレンジできます（**図4-42**）．また，この「切断タイマー」を無効にして，時間制限をなくすこともできます．

特にオープン・ノードでは，ユーザーがどこかのノードやルームに接続したまま去ってしまうことが想定されるので（オープン・ノードをうたっている以上，ユーザー局は責められない），ここの切断タイマーで自動的に切断されるようにしておくとよいでしょう．おおよそ20分から60分に設定し，切断タイマー無効設定はチェックしないのがポイントです．

■ ラウンドQSOルームへの常時接続設定

「呼出設定」のメニューで，指定したルームに接続したままにすることができます（**図4-43**）．

どこかほかのルームやノードに接続しても，そことの接続が解除されれば（切断タイマーによるものも含む），自動的に常時接続に設定したルームに戻るという便利な機能です．

「呼出設定」にあるチェック項目は，すべてチェックを付けることをお勧めします．各設定項目の意味は次のとおりです．

▶ Room接続許可

ラウンドQSOルームへの接続を有効にします．ここのチェックを外すと，ラウンドQSOルームに接続できなくなります．

図4-43　ルーム接続可否と常駐設定
メニュー操作：ファイル(F)→設定→基本設定－呼出設定

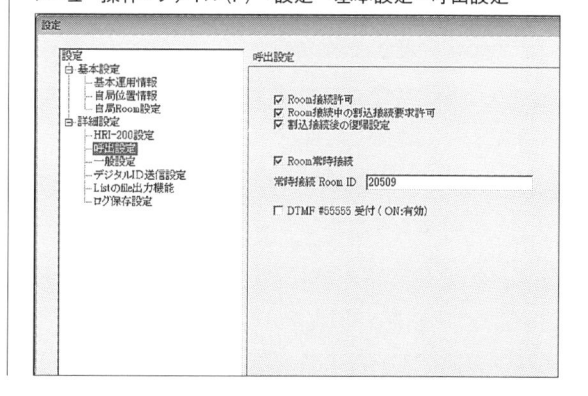

▶ Room接続中の割込接続要求許可

ルームに接続しているときにほかのノードからノード・トゥ・ノードの接続要求を受けたとき，そのノードと接続するかどうかの設定です．

▶ 割込接続後の復帰設定

ルーム接続中，割り込み交信に応じた後，前に接続していたルームに再接続するかどうかの設定です．チェックしておくと再接続します．

▶ Room常時接続

常につないでおきたいルームのルームIDやDTMF ID番号を入力します．ルームIDはノード運用者の判断でいつでも変更できるので，DTMF ID番号で記入することをお勧めします．

▶ DTMF #55555 受け付け

FM運用時のみ有効になる機能．DTMFで#55555を受けるたびに，Room常時接続機能をオン/オフします．

ログを記録しよう

「ログ保存設定」のメニュー（**図4-44**）の「ログ保存設定」の各項目にチェックを付けて，保存先を指定します．Windowsのドキュメント・フォルダの中にある ¥WIRESXA¥Log¥ に保存しておくとよいでしょう．

この設定により，ノードの動作履歴をファイルに記録することができます．例えば，いつどこのノードに接続したとか，チャットで送受信した内容がNodeログに保存され，同様にニュース・ステーション機能やルームの動作状況も記録することができます．

図4-44 ログ保存設定
メニュー操作：ファイル(F)→設定→ログ保存設定

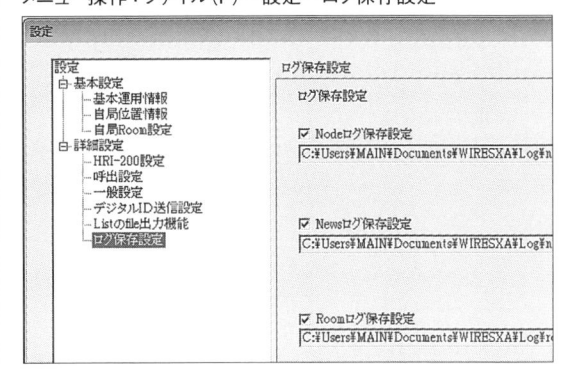

4-5 ラウンドQSOルームを運用しよう

おさらいになりますが，WIRES-Xには，複数のノードが接続できるラウンドQSOルーム（単にルームとも呼ばれる）が，WIRES-Xソフトウェアの機能として標準で搭載されています（**図4-45**）．

特徴は，誰でも簡単な操作でルームが開設できること．同じようなインターネットを通信経路の途中に使ったシステムにおいては，EchoLinkはカンファレンス，IRLPやDVAPではリフレクタという機能がルームに相当し，その基本的なしくみや効用はほぼ同じです．ところがこれらは，ネットワークを管理する人たちの認証と高度なスキルがなければ運用できないようです．

WIRES-Xではその敷居が一気に下げられており，手続き不要で，誰でもいつでも自由にルームが運用できます．そして，Webサイトを使ったリモートによる管理，障害が発生したノードの切断など，WIRES-II時代に培われたノウハウも生きています．

ルームの運営方針を決めよう

WIRES-Xソフトウェアを起動して設定すれば，すぐにルームの運用を開始できますが，その前にルームの運営方針を決めましょう．

参考までにWIRES-Xで運用されているルームは，CQを出して交信することをテーマにした「CQルーム」や，WIRESで出会った気の合う人同士で作ったルーム，そして，クラブ・メンバーのノードが接続し集まっているルームなど，さまざまなテーマのものが稼動しています．

たまたま接続局数が多いルームで交信していて話が盛り上がったときに，ご自身のルームにつなぎ直して交信を続けるというケースも想定されます．ノード・トゥ・ノードに切り替えるという手段もありますが，それだと興味を持ってワッチしていた局や，次に交信したくて待っていた局が「はぐれて」しまいます．

テーマを決めずに，ルーム名やルームIDをセッ

図4-45　ラウンドQSOルームの概要図
ラウンドQSOルームには複数のノードが接続でき，接続したそれぞれのノード・ユーザー同士が，1対1で交信したり，ラウンドQSOを行ったり，それをワッチするなどして楽しむことができる

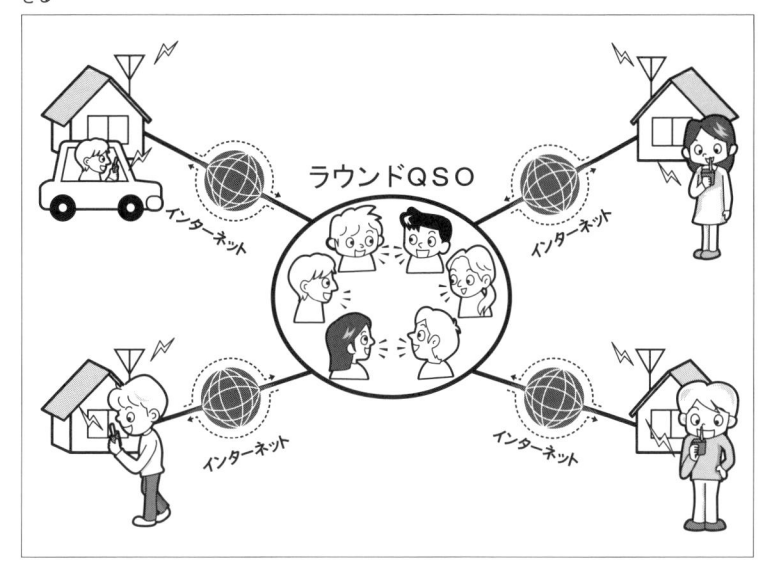

トアップ当時のままにして，あえて自分用のルームとして試してみるのも良い選択です．

ルームを動かしてみる

ルームを動作させるには，「自局Room設定」を行うだけで完了します．この設定はいつでも変更できますから，まずは動作させてみましょう．

■ ルーム機能をオンにして，IDを設定

図4-46のメニューで「設定」ボタンをクリック，

コラム4-5　ルームを動作させるときの環境

ルームに接続するノード数が多ければ多いほど，パソコンの処理能力とインターネット回線の伝送スピード，安定性が必要になってきます．

接続局数が30局を超えたあたりで，パソコンの処理能力やインターネット回線の状態が良くないと，音声の断続や遅延が目立つようになり，ひどい場合にはルームの接続が解除されてしまいます．

もし30局以上の接続局数を想定するなら，パソコンはWindows 8の動作が軽く感じるほどのデスクトップ・パソコン，比較的新しいルータ（NECのAtermを推奨），

NTTのBフレッツ回線と大手プロバイダとの組み合わせをお勧めします．

ケーブル・テレビ系のインターネット回線は，あいにく接続局が多いルームの運用には向かないようです．

また，ノードとは別にHFでもハイパワーで運用されるなら，ネットワーク機器に接続するケーブルにチョーク（パッチン・コア）を装着するなどのRFI対策も行いましょう．インターネット機器にRFIが発生すると，インターネットのデータ伝送速度が極端に遅くなり，音声データの伝送が止まる原因になります．

図4-46　自局Room設定
操作：ファイル(F)→設定→基本設定－自局Room設定　で出てくる

図4-47　Room Openウィンドウ
自局Room設定で「設定」ボタンをクリックすると出てくる．ここでルームIDを設定

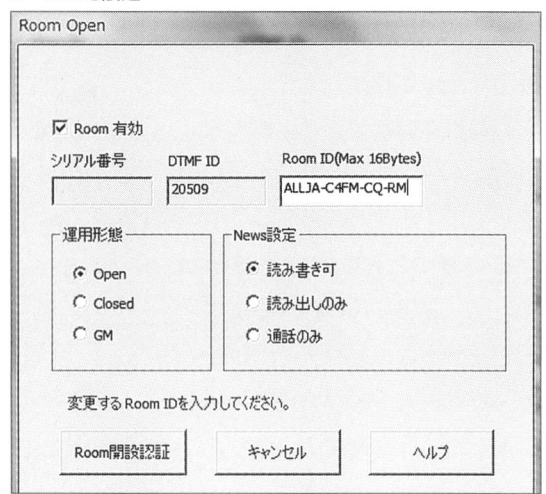

図4-47のRoom Openウィンドウを次のように設定します．

Room有効＝チェック，運用形態＝Openを選択，News設定は読み書き可にセット．Room IDを変更するなら半角英数字(16文字以内)で記入し直して，「Room開設認証」をクリック．

「Room ID変更完了」と赤い字で表示されたら「OK」をクリック．ここでエラーが出たら，同一のルームIDがすでに使われているので，ルームIDを再検討します．

■ 自局Roomの設定

自局Room設定ウィンドウに戻りますから，この内容を埋めていきます．

Room名とコメントは，八重洲無線のWebサイトや，JQ1YDAのWebサイトにあるWIRES-X アクティブIDリスト(図4-48)にも表示されます．

その下のRoom情報は，WIRESソフトウェアの「情報表示」でのみ表示されるものです．

ここまで設定すれば，すでにルームは動いています．ぜひ活用しましょう！

図4-48　WIRES-XアクティブIDリスト(ルーム)

ROOM ID	DTMF ID	Act	Room Name	City	State	Country	Comment
ALLJA-CQ-ROOM	20510	072	ALL JA CQ ROOM#1	Yamato-city	Kanagawa	Japan	【CQルーム】CQが出せる広域レピーターのようにご利用いただけます
0382-ROOM	20382	027	X-0382-ROOM	Nagoya-city	Aichi	Japan	WiRES-Ⅱとリンクしています．（暫定運用）
--AMERICA-LINK--	21080	023	REPEATER LINKING	Beaumont	Texas	USA	(Analog / Digital) WIRES-X Repeater
E-KYUSYU-ROOM	29118	021	東九州QSOroom	Miyazaki-city	Miyazaki	Japan	東九州RoundQSOroom
0202-ROOM	20202	015	APRS 9K6	Kitakyushu-city	Fukuoka	Japan	0202 DIGITAL ROOM　WIRES-Xの情報交換をしましょう

第4章　WIRES-Xノード局構築ガイド

WIRES ユーザーの声 ④

ツーリング&アイボールが楽しめるWIRESライダーズ・クラブ

JF2OWN　山田　恒　Kou Yamada

　WIRESを使った交信は，相手局がすぐ近くにいるように感じられ，「近い」=「会える」という図式が成り立つのか（？）いつごろからか，「WIRESって，会いたくなる無線だよね」という声が聞こえ始め，あちらこちらでアイボール会が行われるようになりました．

　わが『WIRESライダーズ・クラブ』は，その走りとともなるアイボール会で，2007年ごろから年に2回のペースで多くの方のご参加を得て開催しています．

　発端は，三重のJQ2SZC 西崎氏と私の「一緒にツーリング行こうか？」でした．その話をCQルームでしているうちに，「一緒に走りたい」という声を頂戴し，毎回20〜30名の参加を得て，お泊まりツーリングを楽しんできました．

　よくあるツーリング会との違いは，バイクに乗らない人でも参加できるということで，オブザーバーとしてお越しいただき，夜はみんなで盛り上がります．つまり，WIRESをやっている方であれば，どなたでも参加OKのアイボール会なのです．

　例えば2015年5月30日には，0エリアにある『信州健康ランド』でアイボール会を行いました．24時間営業の健康ランドを利用したのは，大広間などで雑魚寝ができるので必ずしも宿泊部屋を取る必要がなく，ドタ参，ドタキャンが自由にできると考えてのことです．今後もこのようなスタイルで実施していこうと考えています．

　もちろん，『WIRESライダース・クラブ』なので，ゴールを信州健康ランドにしてツーリングも楽しみました．お昼ごろに，『御神渡り（おみわたり）』で知られる諏訪湖近くの『おぎのや諏訪店』をスタートして，ビーナスライン〜R142号〜R20号を走りました．

　従来は，過去に参加された方へのメール連絡が主でしたが，もっと開かれたアイボール会を目指して，多くの"現役"WIRES愛好家の皆さんにご参加いただきたく，ALL JA CQルームにおいて何度も声に出したり，チャット欄に書き込んだり，SNSを利用したりして告知しました．

　これからも，このような感じで，WIRES-Ⅱ，WIRES-X，バイクに乗る・乗らないの区別なく"WIRESは一つのクラブ"という考えのもと，『ツーリング&アイボール・ミーティング』を企画し実施してまいります．

第5章
ノードの運用と管理

セットアップが終われば，いよいよ運用です．その際に知っておきたい**機能**や，オープン・ノードの運用にチャレンジするためのノウハウについて触れていきます．

5-1　日々の運用

　日々の基本的な操作は，ノードやルームへの接続と切断，そしてワッチや交信の繰り返しのための操作です．

　WIRES-Xソフトウェアをセットアップして動かすと，ノードやルームのリストが常にリアルタイムに表示されます．接続したいルームやノードにマウス・カーソルを合わせて右クリックするだけで接続できたり（**図5-1**），ルームに接続した際のタイル表示で，送話中のノードがすぐにわかり，パソコンを見ながら運用するのも，とても便利で楽しいものです．

　ところで，ノードを運用するならぜひ使いこなしたい機能がほかにもあります．紹介しましょう．

ニュース・ステーション機能を使いこなそう

　WIRES-Xの特徴的な機能である「ニュース・ステーション」，C4FMデジタルだから楽しめる画期的な機能です．テキストや音声，画像がポストでき，アクセスした人たちに見てもらえることから，ノードやルーム・ユーザーへのお知らせが登録されることが多いようです．

　ノード運用者ならこれらのニュース機能を，パソコン上ですばやく閲覧（ダウンロード）したり，掲載（アップロード）することができます．

　まずは，WIRES-Xソフトウェア・メイン画面の右下にある「News」ボタンをクリックしてみましょう（**図5-2**）．

　以下に，WIRES-Xソフトウェアで操作するニュース・ステーションの操作のツボをまとめます．

WIRES-Xソフトウェアで
ニュース・ステーションを見る

■ 画像やテキストを見る（閲覧）

　画面の左のツリー表示部（**図5-2 ❶**）から閲覧し

図5-1　WIRES-Xでの接続
ノード/ルーム・リストの中から自由自在に接続先を選び，右クリックで出てくるメニューから「接続」を選べばつながる

第5章 ノードの運用と管理

図5-2 News listウィンドウ
Newsボタンをクリックして現れる。このメニューでニュースの閲覧、登録、削除が行える

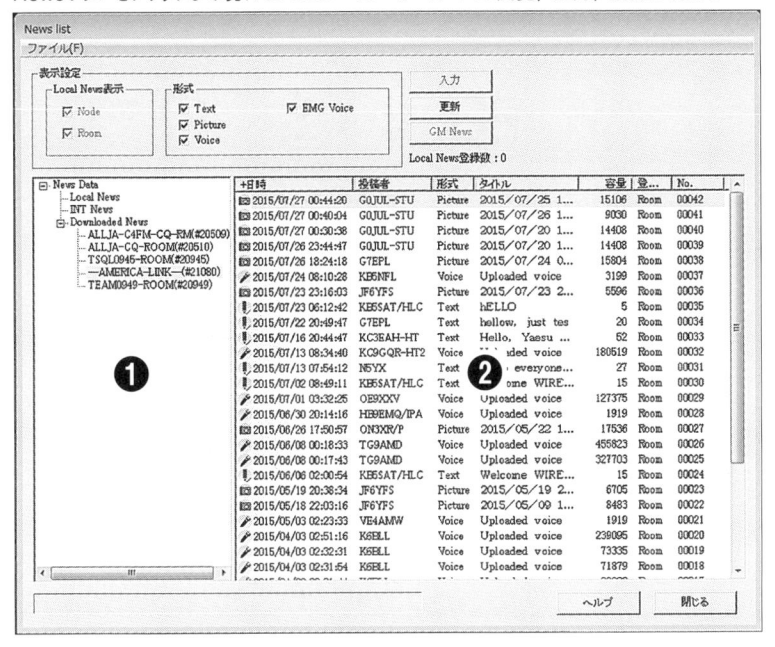

表5-1 ニュースの種類と内容

種類	内容
Local News	◎ 自局ノード/ルーム内のニュース・データ
INT News	○ 八重洲無線が発信するニュース・データ
Download News	○ ほかのノード/ルームから得たニュース・データ

◎…読み書き・削除可能　　○…閲覧のみ

たいニュースの種類（表5-1）を選ぶと、すぐ右側の一覧（図5-2 ❷）にデータのリストが出ます。リストから見たいデータをダブル・クリックすると内容を見られます（p.100、図5-3、図5-4）。

■ 音声データを聞く

音声データを選んで出てくるウィンドウにある再生ボタンをクリックすると、電波で再生されます（p.100、図5-5）。ノードからの電波をC4FMで受信できるようにしてから再生しましょう。

■ Download Newsの動作と小ワザ

自局のノードをC4FM（電波）でアクセスして表示したことがあるニュース・ステーションが表示

されています。

一度リストアップされれば、「更新」ボタンを押すことでそのルームやノードに接続しなくてもリストが更新され、閲覧できます。

WIRES-Xソフトウェアでニュース・ステーションに書き込む

■ 書き込み、削除の対象範囲

WIRES-Xソフトウェア上からは、Local Newsに対してのみ、書き込みや削除が可能です。ニュース・ステーションのユーザーはアップロードができても削除はできないので、必要に応じてノード・オーナーが削除することになります。

▶ Local Newsの削除

削除したいデータの一覧のところでマウスを右クリックすると、メニューが出てくるので、「削除」を選択します（p.100、図5-6）。

▶ テキストの書き込み（UPLOAD）

カタカナ、英数字を用いて、半角80文字まで入力しテキスト・メッセージを公開できます（p.100、図5-3）。

操作方法：News listウィンドウで「入力ボタン」をクリック→登録先選択→形式欄でTEXTを選択→テキスト本文を入力→「登録」ボタンをクリック

▶ 画像のUPLOAD

あらかじめ用意した画像ファイル（320×240ピクセル、サイズ40kB以内）を、アップロードして公開できます。

図5-3 ルームに投稿されたメッセージ

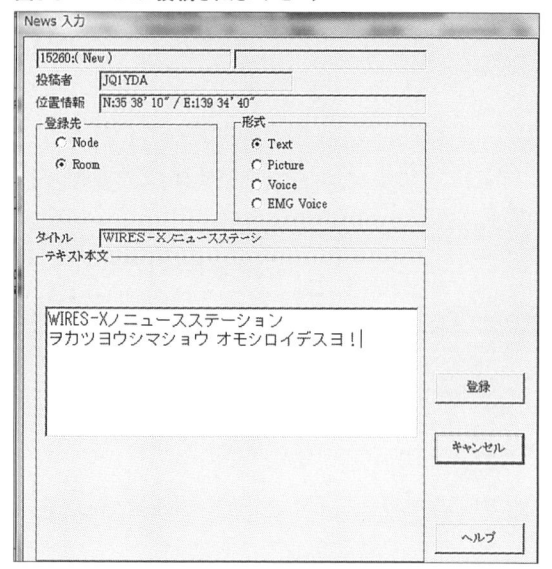

図5-4 ルームに投稿された実際の画像例

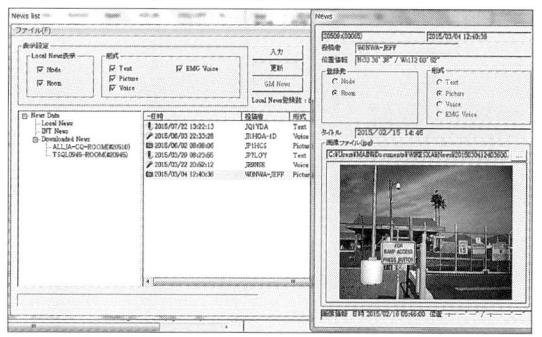

操作方法：News listウィンドウで「入力ボタン」をクリック→登録先選択→形式欄でPictureを選択→タイトルを入力（半角英数字カナ）→UPLOADするファイルを選択→「登録」ボタンをクリック

▶ 音声のUPLOAD

あらかじめサウンド・レコーダなどで録音して用意した音声データを，書き込み公開できます．

図5-5 音声データを再生するウィンドウ

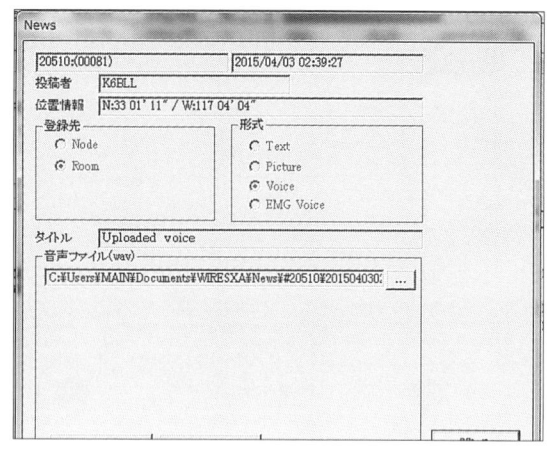

ファイル・フォーマットは，WAV形式，16ビット・モノラルで長さ1分以内，容量1MB未満のデータを推奨．

操作方法：選択→形式欄でVoiceを選択→タイトルを入力（半角英数字カナ）→UPLOADするファイルを選択→「登録」ボタンをクリック

日々のチェックを忘れずに

自局のノードとルームのニュース・ステーションに何らかのデータが書き込まれても（UPLOADされても），特に通知はないので，毎日とは言わずとも定期的に確認することをお勧めします．操作を間違えて，内容がないVoiceデータが入っていることがあります．

図5-6 Local Newsは読み書き削除が可能

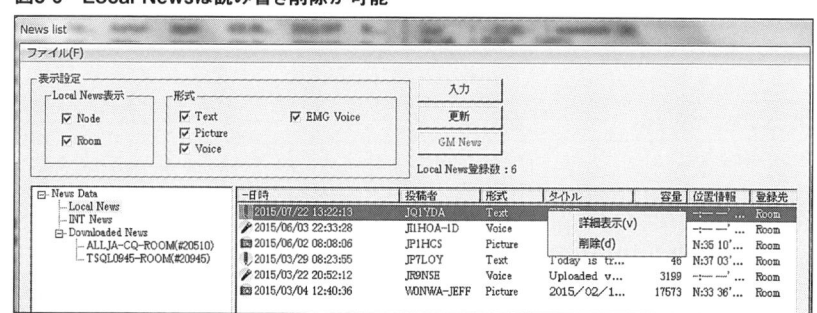

100 | WIRESパーフェクト・マニュアル

5-2　ノードの運用周波数

運用周波数の探し方

　第1章のおさらいになりますが，ノードは法令により原則として「VoIP通信区分」の周波数で運用することになっています．特に「VoIP通信区分」があるバンドでは「広帯域の電話・電信・画像区分」での運用は禁止されており，29MHzまたは2400MHz以上のアマチュアバンドなど「VoIP通信区分」がない周波数帯では，発射する電波の型式に応じた区分を利用します(広帯域の電話区分)．

　バンドプランにおける全電波型式(実験・研究用)区分を利用することも可能ですが，これらの周波数は実態として仲間内で交信を楽しむ人たちが「いつも同じ周波数」を使っていることが多く，よく観察してから運用を始めないとトラブルの元になります．特に145MHz帯は地域を問わず避けたほうがよいでしょう．

　無論，ダミーロードを使ったノード運用でした

コラム5-1　都市部のノードは狭域ノードが多い？

　都市部の話になりますが，VoIP通信区分内にノード局がたくさん運用されています．その多くが，混信リスクやトランシーバへの負担を軽減するために，送信出力は控えめに設定しているケースが多いので，それらをハイパワーでアクセスして交信しようとしても，アクセスできない場合があります．

　つまりノードには電波が届いていても，ノードの電波が受信できないということもあり得ます．

　そう，ノード局はいたずらにサービス・エリアを広げればよいというものではなく，控えめなサービス・エリアのノード局をローパワーで運用することにより，ハンディ機などの手軽な設備からアクセスできる環境が充実するという期待感もあります．まるで携帯電話の基地局のようです．

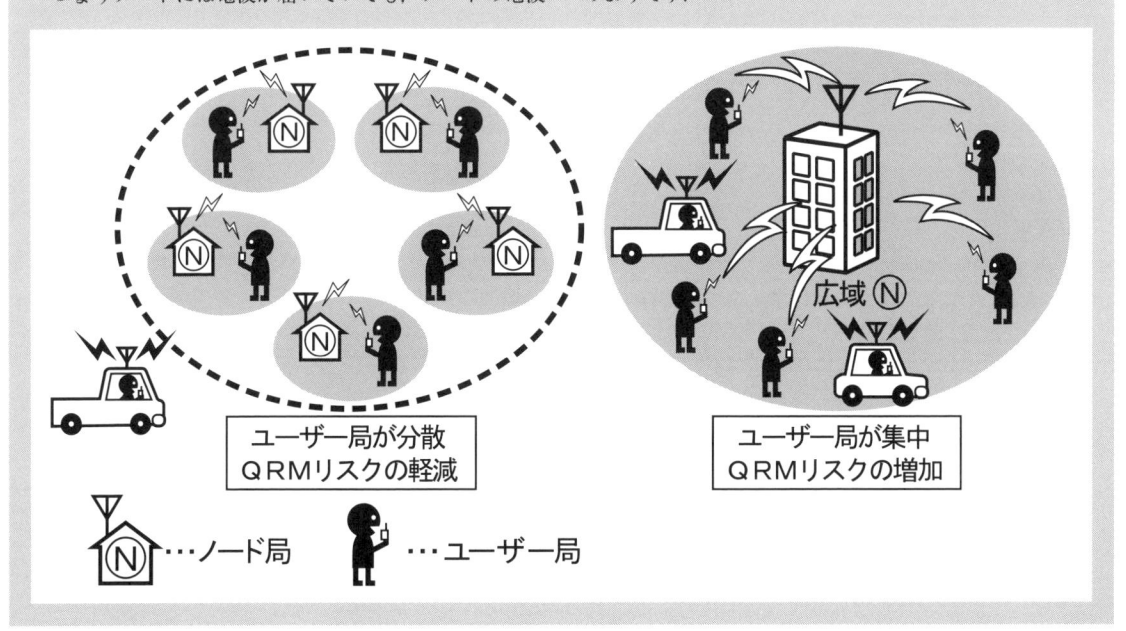

ユーザー局が分散
QRMリスクの軽減

ユーザー局が集中
QRMリスクの増加

Ⓝ…ノード局　　…ユーザー局

ら何ら問題はありません．

「VoIP区分」の場合でも，周波数の利用状況を運用開始前によく観察してから運用するようにします．まずは，WIRES-Xのアクティブ・ノード・リストで周波数の利用状況を調べてみるとよいでしょう．

すでにほかのノードが運用されている周波数では，ほかのノードがS＝2以上で入感するようであれば多くの場合，混信するので，アンテナを八木アンテナに変えたりするなどして混信しないように工夫します．または低利得なアンテナとローパワーで狭域ノードとして運用し，ようすをみながら，必要とあらばアクセス範囲を広げていくのがよいでしょう．

それから，WIRES-Ⅱの全盛期に，10kHz間隔で運用できるスーパーナローFMがVoIP無線の世界で普及し，いわゆる奇数チャネル(10kHz台が奇数の周波数)も使われていますが，C4FMの場合，帯域幅が12.5kHzなので，20kHz間隔の運用(奇数チャネルは利用しない)をお勧めします．

ノードの送信出力と発熱対策

ルームに接続した場合，ノードの送信時間が長くなるケースがあります．どのトランシーバも，長時間の連続送信を想定して設計されていないので，ハイパワー(高出力)でノードを運用した場合，トランシーバの発熱は想像以上です．

そのまま運用し続けると，トランシーバの寿命を縮めます．

そして最近のトランシーバには，一定の高温に

コラム5-2　自分のノードをアクセスする話

自分で立ち上げたノードを自分でアクセスして自分専用で使う，そのような「マイ・ノード」も人気です．マイ・ノードはオープン・ノードと異なり，運用したいときだけ稼働すればよく，あえて飛ばないノードにすれば他局に迷惑を与える可能性も極めて低くなることから，VoIP無線が始まったころ(十数年前)から広く採用されている運用形態です．この方法は，周波数の有効利用の観点からも効果的とされています．

■ 無線局免許状が2枚必要な場合

マイ・ノードの運用に慣れてくると，マイ・ノードをちょっと離れた外出先からもアクセスしたくなります．では，「自宅と外出先で同じコールサインの電波が出ている状態」は問題ないのでしょうか？

結論は，「移動局」と「移動しない局」でそれぞれ免許を得て，2枚の無線局免許状が手元にあれば問題なしというのが通説です．

1アマ，2アマの方は「移動しない局」と「移動局」で，それぞれ免許を得ている人が多いと思います．この場合，そのままで問題なしです．

3アマ，4アマの方は「移動する局」の免許だけをお持ちの方がほとんどだと思います．その場合，ノードを設置している場所を無線設備の設置場所として，「移動しない局」の無線局免許を得ておくと安心です．

なお，自宅のノード局を自宅または社会通念上「お出かけ」にならない程度の距離で使う場合で，車内や出かけた先で設置したノードをノードの近くで使うときは，無線局免許状が1枚でも問題ありません．

■ 社団局ノード運用の勧め

実は，新たに「移動しない局」の無線局免許を得るのとほとんど変わらない手間暇で，社団局(クラブ局)が開設できます．それゆえ多くの皆さんは，ノード用に社団局の無線局免許を得て運用しています．

このように，同じコールサインで2か所から電波が出るのを避けるために社団局を，という動機ではありますが，それ以外にも複数のノードを稼働できたり，メンバーで共同管理するなど，メリットは多岐に渡ります．

社団局は2名以上の無線従事者が集まれば開設可能です．その手続きについては，JQ1YDAのWebサイトのコンテンツ「社団局開局ガイド」が参考になります．
(http://jq1yda.org/topics/wires/shadan/index.html)

参考文献… 「VoIP無線のノード局と無線局免許について【法的な側面から】」(2015年3月14日付け) http://blog.goo.ne.jp/jq1zev/

達すると送信出力を下げる保護回路が付いていますが，この保護回路が頻繁に動作してしまいます．

ノードは，ハンディ機や20Wクラスのモービル局のアクセスも想定されますから，動作環境やユーザーのニーズに応じて，出力1W〜20Wの範囲で運用するのが実用的といえます．

そして，ノード用トランシーバには，C4FM対応機にマッチする強制空冷ファン(**写真5-1**)の利用をお勧めします．

写真5-1　クーリングファン 八重洲無線"SMB-201"
FTM-400D/DH本体と組んだ例．下側にあるゴム足付きベース・ユニットがSMB-201

5-3　ノードとルームの管理

ノードがC4FMに対応し，ノード・アクセスの操作が簡単になったことから，操作系のトラブルは従来のWIRES-Ⅱに比べて格段に減りました．

ところがWIRES-XをFMで運用した場合は，WIRES-Ⅱ時代と同様のリスクが残ります．例えば，ノードに使っているFMトランシーバの操作ミスでうっかりトーン・スケルチを解除してしまい，コールサインを言わない違法局の交信を延々と接続先に送ってしまった……など．すぐにパソコンの前に戻って対応できればよいのですが，そうはいかない場合や気がつかない場合もあります．知り合いからトラブルの連絡を受けてもすぐには戻れず，手も足も出ないことになる可能性も……．

そんなリスクへの対応に便利なのが，WIRES遠隔操作ソフトウェア"WIRES-Xリモート・モニタ"です．インターネットを介して，遠隔地からでもWIRES-Xノードで送受信する音声をモニタしたり，緊急停止が可能です．WIRES-Xをダウンロードしたwebから入手できるので，ぜひ活用しましょう．

WIRES-Xリモート・モニタのセットアップ

WIRES-X遠隔操作ソフトウェア(**図5-7**，以下WIRESMON-X)を使うには，ソフトウェアのセットアップとWIRES-Xソフトウェアの設定，ルータの設定という3工程が必要です．順を追ってセットアップしていきましょう．

(1) ソフトウェアのダウンロード

WIRES-X遠隔操作ソフトウェア(WIRESMON-X)は，WIRES-X Webサイトに会員ログインすると出てくるノードオーナー・ページでダウンロードできます(**図5-8**)．

(2) ソフトウェアのセットアップと起動

ダウンロードしたファイルを実行して生成された「wiresmon-x」というフォルダを，任意のフォルダにコピーすればセットアップは完了です．起動はWIRESMON-Xを実行するだけです．

(3) ルータの設定を行う

WIRESMON-Xを使うパソコンがつながっているルータを設定します．UDPで46100番，46110番，

図5-7　WIRES-X遠隔操作ソフトウェアのようす
左はソフトウェアの画面，右はWebモニタ機能で表示させたブラウザ

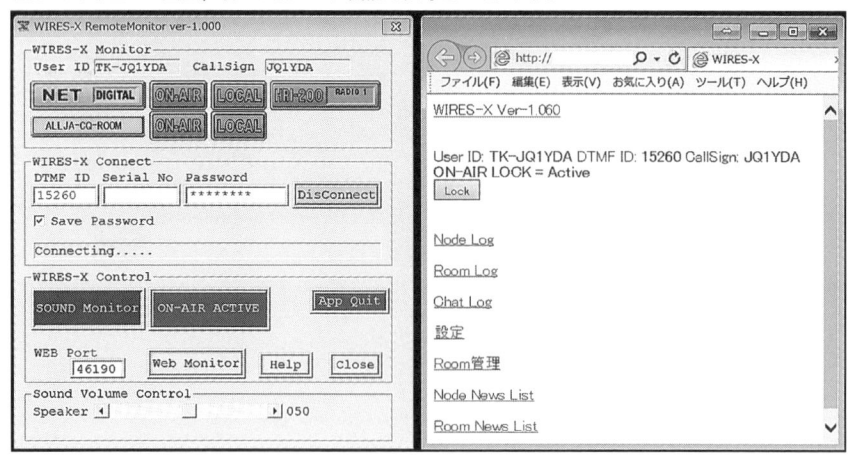

図5-8　WIRES-X遠隔操作ソフトウェアのダウンロード
WIRES-X Webサイトのノード・オーナー・ページでダウンロードできる

46112番ポートのデータが通るようにしましょう．

WIRESMON-Xを使うパソコンのIPアドレスを固定（**図5-9**）してから，この三つのポート番号が通るようにルータのポート・マッピングを設定します（**図5-10**）．ルータの設定に関しては，WIRES-XのWebサイトでダウンロードできる「WIRES-Xノード局インターネット回線設定ガイド」も参考になります．

（4）WIRES-Xソフトウェアの設定を変更する

▶ リモート受信を有効にする（**図5-11**）

　ファイル（F）→設定（P）→一般設定 を開いて出てくる遠隔制御機能にチェックを付して，任意のパスワードを設定．

▶ Webリモートを有効にする

　ツール（T）→プラグイン→追加→Wiresweb.dll→開く（O）でプラグインを追加（**図5-12**）．

　ツール（T）→WIRES WebServer（新しく追加されたメニュー）を開き，Remote Controlにチェック．任意のパスワードを設定（**図5-13**）．

▶ シリアル番号をメモする

　ファイル（F）→設定（P）→基本運用情報 のシリアル番号，DTMF IDをメモしておきます．これ

図5-9　パソコンのIPアドレスの固定例
192.168.1.200に固定したので，ルータのポートの割り当て設定も192.168.1.200に対して行えばOK

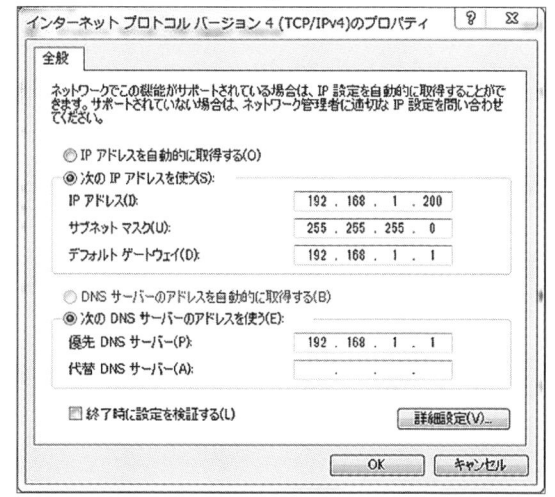

第5章　ノードの運用と管理

図5-10　ルータ（NEC Aterm）の設定例
IPアドレスを192.168.1.200に固定したパソコンに対して，WIRESMON-Xで使うポートを割り当てた．範囲を指定してもOK

図5-11　一般設定
遠隔制御機能にチェックを付して，任意のパスワードを設定する

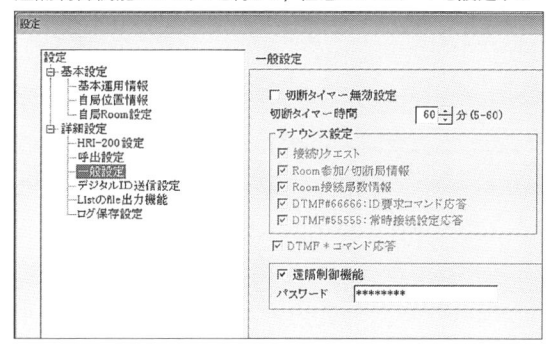

はWIRESMON-Xで使います．

(5) ルータの設定を行う

　WIRES-Xソフトウェアを動作させるパソコンがつながるルータを設定します．**(3)**の要領で，ポート46190番がTCPで通るように設定します（**図5-14**）．

WIRES-Xリモート・モニタを使いこなす

　設定が終わったらWIRESMON-Xを起動しましょう．**図5-15**のようなウィンドウが出現しますから，遠隔操作を行いたいノードのDTMF ID，Serial No.（シリアル番号），Passwordを入力して「Connect」ボタンをクリックします．Passwordは**図5-11**で設定したパスワードです．そのほかの部

図5-12　WIRESプラグイン設定
現在供給されているプラグインはWIRES WebServerのみ．加えたいときは「追加」をクリック

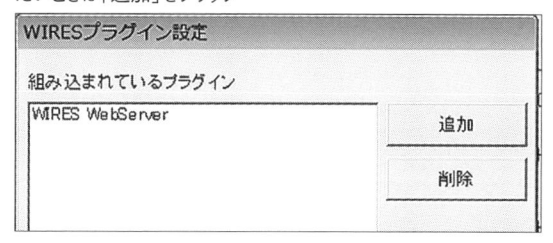

図5-13　WIRES-Xにある「Webサーバでリモート・コントロールするため」の設定

図5-14　ルータ（NEC Aterm）の設定例
IPアドレス 192.168.1.200に固定したパソコンに対して，WIRESのWebリモート用ポート TCP 46190ポートを割り当てた

分は初期値のままでOKです．

　設定を間違えていなければ，**図5-16**のような表示になります．うまくいかない場合は，ルータの設定やパスワードの不一致などが考えられます．

　WIRESMON-Xの主な部分の動作は次のとおりです．

❶ **SOUND Monitor**：クリックすると，ノードでやりとりされている音声がモニタできます．

WIRESパーフェクト・マニュアル | 105

図5-15　WIRES-Xリモート・モニタの操作画面(未接続時)
初めて利用するときは，DTMF ID, Serial No. Passwordを入力する．一度設定すると，次回はそれを再び表示する

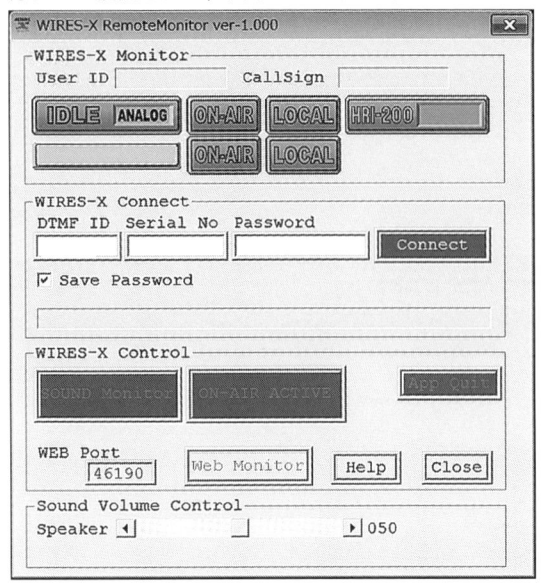

図5-16　WIRES-Xリモート・モニタの操作画面(コントロール時)
ノードが現在どこにつながっているのかも表示される

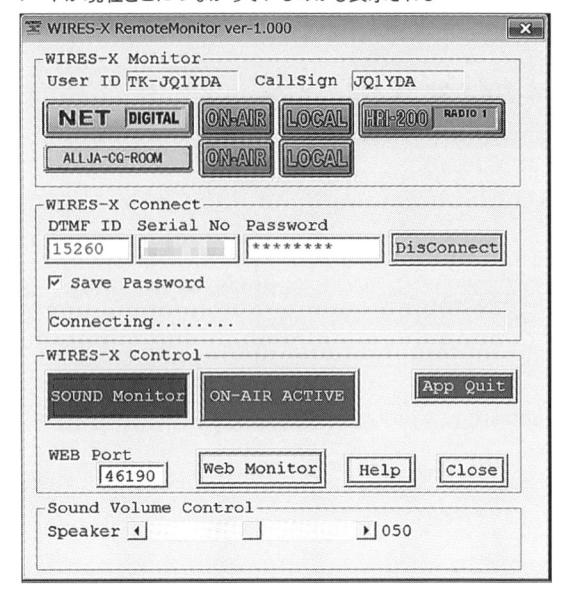

❷ **ON-AIR ACTIVE**：これを押すと，送信をすみやかにやめて，ルームやノードへの接続も解除されます．

❸ **App Quit**：WIRES-Xソフトウェアを閉じます．Auto Start(**コラム5-3**参照)が有効な場合は，WIRES-Xが再び起動します．

❹ **Web monitor**：WIRES-X Web Serverによる遠隔操作ウィンドウを起動します(ブラウザが立ち上がる)．

❺ **Close**：WIRESMON-Xを終了します(間違えてApp Quitを押さないように)．

万が一の場合に備えて，App QuitやON-AIR ACTIVEボタンをクリックして，ノードを停止(ON-AIR LOCK)できるようにしておきましょう．

携帯電話などでリモートする

音声のモニタはできませんが，WIRESMON-Xを立ち上げなくても，ほかのパソコン，携帯電話，スマートフォンでも操作と確認ができます(**図5-17**)．

コラム5-3　WIRESのオート・スタート機能

WIRESをセットアップすると，画面の一番下に右図のようなアイコンが出現します．
このアイコンを右クリックして出てくるメニューで，Auto Startをチェックしておくと，パソコンを起動したときにWIRES-Xソフトウェアが自動的にスタートするほか，途中で停止しても再開します．
この自動スタート・再開を行わないようにするには，このAuto Startのチェックを外します．

第5章　ノードの運用と管理

図5-17　Webリモートによるノード管理
「Lock」をクリック(またはタップ)すると，ノードの送信と接続を緊急停止できる

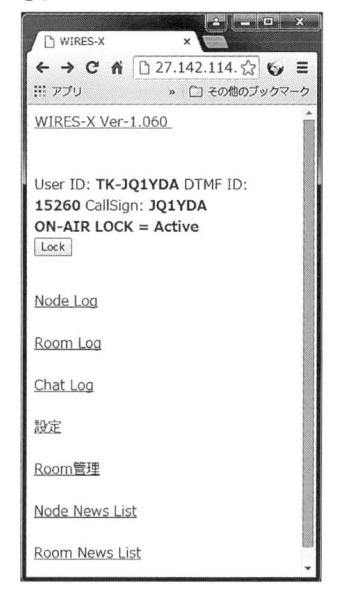

図5-18　自局Room情報
トラブルが発生しているノードを切断したり，中継を停止するなど，ルームの管理を行うことができる

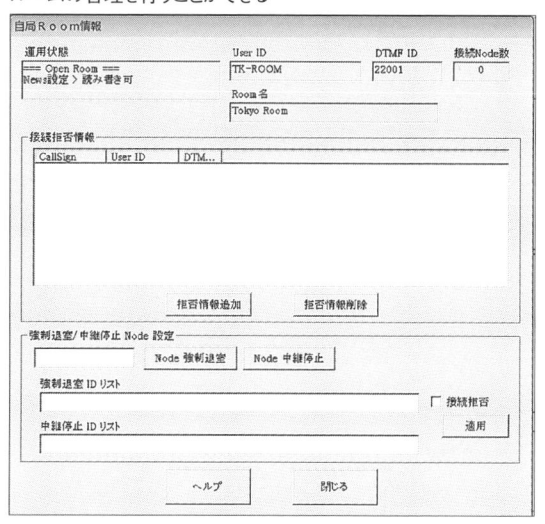

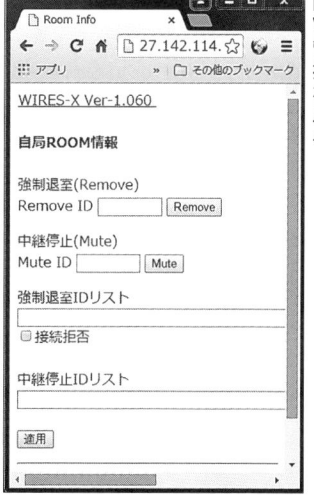

図5-19　Webリモートによるルーム管理
携帯電話やスマートフォンなどのWebブラウザから，ルームの管理・対応ができる

やり方は簡単．WIRESMON-XのWeb monitorを起動すると，別ウィンドウでインターネット・エクスプローラなどのブラウザが起動します．

そこに書かれた"**http://**"以下のWebアドレスを，ほかのパソコンやデバイスのアドレス覧に転記します．

これでほかのデバイスからもリモートできます．

ルームの管理

ルームを使った通話を行う場合，接続したノードがルームに音声を送っている間は，ほかのノード局はその音声を送信し続けます．

もし，ルームへ音声を送り続けてしまうノードがあった場合，ルームは使用不能になってしまいます．これは決して珍しいことではなく，特にFM運用ノードを中心に，トーン・スケルチの設定不備で違法局の交信がルームに入り込んできたり，スケルチ解放時のホワイト・ノイズがルームに流れたりということが日常的に発生します．

そこで，そのようなノードの接続を解除したり，音声をルームに送信してきても無視する機能がWIRES-Xソフトウェアに備わっています．

WIRES-Xソフトウェアのメイン画面から，表示(V)→ルーム情報(M)で現れる，自局ルーム情報ウィンドウ(**図5-18**)で操作します．

また，前の項目で紹介したWebリモート機能でもコントロールできます(**図5-19**)．

強制退室のことを(強制)ディスコネクト，中継停止をミュート(Mute)と呼ぶことがあります．

うっかりトラブルでミュートやディスコネクトになると，そのような対応を受けるほうも行うほうも気分の良いものではないので，慎重な対応が望まれます．

WIRESパーフェクト・マニュアル | 107

WIRES ユーザーの声 ⑤ テーマは Enjoy VoIP

JE3MXU　松本 博司　Hiroshi Matsumoto

■ WIRESはすばらしい

ここ十数年来，私のアマチュア無線ライフの99％がWIRESなどの「VoIP無線」でのオン・エアです．

私が学生だった時代に，28/50MHz命とばかりに無線機の前に張り付いていたようなことが，社会人になってからできずにいました．そんな中，今から約13年前に出会ったのが，WIRESだったのです（当時はWIRES-Ⅱ）．

幸いパソコンやインターネット，無線設備は十分に揃っていたので，すぐにセットアップできました．それらに音声を乗せて，いつでも自分な好きな時間に，ローカルQSO品質で国内外を問わず，小さなハンディ機で交信ができる！　すばらしいことです．

無論，諸外国のアマチュア局ともコンディションに影響されない状態で交信できるので，通勤の行き帰りのクルマの中でも，海外の人たちとラグチューができ，英会話の実践勉強にもなります．これは願ったり，叶ったりでした．

■ 奥のCQルームの誕生

当初は1対1の交信が多かったのですが，そのうちラウンドQSOルームというシステムが登場．その当時実験的に運用されていた"ALL JA CQ ROOM"で，私自身，かなりのアクティビティーを誇っていました．そのうちに，意外にも音声レベルのバラつきや，正常に稼動していないノードも多く存在していて，これは何かノウハウを伝授できないかな？と思い，運用を始めたのが「WIRES 0949ルーム」です．そのおもな使用目的は通常の交信，設定・設置のサポートで，現在はWIRES-Xでも20949ルームとして動いています．

語呂合わせで0949ルームを「奥のCQルーム」と名付けたのもそのころでした．その後，関西を中心に同じ考え方を持つ皆さんも少しずつ集まり始め，今では常時30局前後のノードが接続されています．

WIRES設定の駆け込み寺として，今まで解決できなかった案件はゼロ！

すべてを解決できていることは，0949ルームに集う仲間で構成した「Team 0949」の皆さんのおかげだと思います．

■ 「関ハム」へも毎年出展中

さらに，交信だけではおもしろくないということで，約5年前から毎年2月の大阪・難波でのアイボール会と同じく毎年7月に行われる「関西アマチュア無線フェスティバル」への出展を通じて，WIRESの実働展示や技術的な相談の機会を設けています．

実際にノードがパソコンとともに稼動している状態を見てもらえる機会が意外に少ないことと，疑問点をその場で解決できるので，毎回たくさんの方々が訪問してくれます．

平素は公開ノードなどから20949ルームにアクセスいただき，交信しながら相談を受けるのが理想的ですが，インターネットの掲示板でも対応しています（**http://9308.teacup.com/team0949/bbs**）．

今後は今までの実績を踏まえ，アナログはもちろんWIRES-Xによる新しい運用や，最近のMVNOといわれる格安SIMを使った移動ノード構築などWIRESを使った遊び方を一緒に考えて，楽しんでいこうと思っています！　テーマはEnjoy VoIP．ぜひWIRES-Xの20949ルームにお気軽に接続，お声掛けください．お待ちしております．

関西ハムフェアで出展したときのようす

第6章

資料編

本章ではWIRES-Xで交信を楽しむ，ノード運用を行う際に役立つ資料を掲載します．

6-1　コールサインの前に付けるSSコード

　WIRES-Xは，コールサインとは別に「ユーザーID」でそれぞれの局の識別を行っています．ユーザーIDにはノードIDとルームIDがあり，ノードIDについては「SSコード－コールサイン」という書式で設定している（**図6-1**）ノードが少なくありません．

　このような書式でノードIDを設定することで，ノード・トゥ・ノード接続を行う際の接続先検索やノードIDを見ただけで，運用地が都道府県単位で推定できて便利です．ノードのコールサインはSSコード付きで設定してみませんか？　以下にSSコードの一覧を示します．

■ **SSコード一覧表**（総合通信局管轄および都道府県別）

地域	エリア・コード	都道府県別コード	
北海道総合通信局管轄(8エリア)	HK	北海道	HK
東北総合通信局管轄(7エリア)	TH	青森県	AM
		岩手県	IT
		宮城県	MG
		秋田県	AT
		山形県	YT
		福島県	FS
関東総合通信局管轄(1エリア)	KA	東京都	TK
		神奈川県	KN
		埼玉県	ST
		千葉県	CB
		茨城県	IK
		栃木県	TG
		群馬県	GM
		山梨県	YN
信越総合通信局管轄(0エリア)	SE	新潟県	NG
		長野県	NN
北陸総合通信局管轄(9エリア)	HR	富山県	TY
		石川県	IS
		福井県	FI
東海総合通信局管轄(2エリア)	TO	愛知県	AC
		岐阜県	GF
		静岡県	SO
		三重県	ME
近畿総合通信局管轄(3エリア)	KK	大阪府	OS
		兵庫県	HG

地域	エリア・コード	都道府県別コード	
近畿総合通信局管轄(3エリア)	KK	京都府	KT
		滋賀県	SG
		奈良県	NR
		和歌山県	WK
中国総合通信局管轄(4エリア)	CG	鳥取県	TT
		島根県	SN
		岡山県	OY
		広島県	HS
		山口県	YG
四国総合通信局管轄(5エリア)	SK	徳島県	TS
		香川県	KW
		愛媛県	EH
		高知県	KC
九州総合通信局管轄(6エリア)	KS	福岡県	FK
		佐賀県	SA
		長崎県	NS
		熊本県	KM
		大分県	OI
		宮崎県	MZ
		鹿児島県	KG
沖縄総合通信事務所管轄(6エリア)	ON	沖縄県	ON

User ID(Max 10Bytes)
TK-JQ1YDA

図6-1　WIRES-Xソフトウェアのコールサイン設定例
設定はWIRES-Xソフトウェアの「ファイル(F)－設定－基本設定－基本運用情報－ID設定」で行う

※ エリア・コードは使われていない

6-2 機種別ノード・アクセス操作早見表

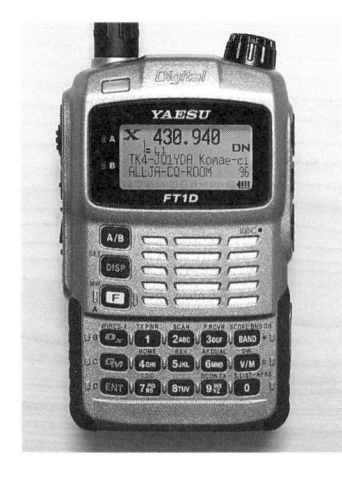

■ FT1D

1. ノードへの接続	① Aバンド(上側)にローカル・ノードの周波数をセット，② [Dx]キーを押してDNモードにする，③ [Dx]キーを長押し
2. 検索とノード/ルーム接続	ノードに接続した状態で次のように操作する．接続したらニュース・ステーション表示になり，[BACK]を選んで[ENT]キーを押すと通常表示になる．
ALL検索	① [ENT]キーを長押し，② DIAL(ALLを選択)，③ [ENT]キーを押す，④ DIALで接続先を選ぶ，④ [ENT]キーを押す
SEARCH & DIRECT	① [ENT]キーを長押し，② DIAL(SEARCH & DIRECT選択)，③ [ENT]キーを押す，④ テンキーで検索文字列入力，⑤ [ENT]キー長押し(SEARCHを選択)，⑥ [ENT]キーを押す，⑦ DIAL(接続先を選択)，⑧ [ENT]キーを押す
DTMF ID 直接入力	① [F]キーを押す，② [V/M]キーを押す，③ DTMF IDを入力(#は不要)，④ [ENT]キーを長押し
カテゴリー・リスト	① [ENT]キーを長押し，② DIAL(C1～C5を選択)，③ [ENT]キーを押す，④ DIAL(接続先)，⑤ [ENT]キーを押す
3. 切断	[BAND]キーを長押し
4. 終了	[Dx]キーを長押し

■ FT2D

1. ノードへの接続	① Aバンド(上側)にローカルノードの周波数をセット，② [X]キーを押す
2. 検索とノード/ルーム接続	ノードに接続した状態で次のように操作する
ALL検索	① 「SEARCH & DIRECT」をタップ，② 「ALL」をタップ，③ 接続先をタップ
SEARCH & DIRECT	① 「SEARCH & DIRECT」をタップ，② 「SEARCH & DIRECT」をタップ，③ キーで入力，④ 「ENT」をタップ，⑤ 接続先をタップ
DTMF ID 直接入力	① 「SEARCH & DIRECT」をタップ，② 「SEARCH & DIRECT」をタップ，③ 「ID」をタップ，④ キーで入力，⑤ 「ENT」をタップ，⑥ 接続先をタップ
カテゴリー・リスト	① 「SEARCH & DIRECT」をタップ，② 「C1」～「C5」のうちから選んでタップ，③ 接続先を選んでタップ
3. 切断	[BAND]を長押し
4. 終了	[X]キーを押す

■ FTM-400D/DH

1. ノードへの接続	① ローカル・ノードの周波数をセット，② [Dx]キーを長押し
2. 検索とノード/ルーム接続	ノードに接続した状態で次のように操作する．接続直後はニュース・ステーション表示になり，[BACK]キーを押すと通常表示になる．
ALL	① 「▼」をタップ，② 「ALL」を選んでタップまたはDIALを押す，③ 接続先を選んでタップまたはDIALを押す
SEARCH & DIRECT	① 「▼」をタップ，② 「SEARCH & DIRECT」をタップ，② 検索文字列を入力し「ENT」をタップ，③ 接続先を選んでタップまたはDIALを押す
DTMF ID 直接入力	① マイクの[#]を長押し，② マイクのテンキーでDTMF ID(5桁)を入力，③ [#]を押す
カテゴリー・リスト	① 「▼」をタップ，② 「C1」～「C5」のうちから選んでタップ，③ 接続先を選んでタップ
3. 切断	マイクの[*]を長押し
4. 終了	[Dx]キーを長押し

第6章　資料編

■ FTM-100D/DH

1. ノードへの接続	① ローカル・ノードの周波数をセット，② [Dx]キーを長押し
2. 検索とノード/ルーム接続	ノードに接続した状態で次のように操作する．接続したらニュース・ステーション表示になり，[BACK]キーを押すと通常表示になる．
ALL	① [BAND]キーを長押し，② DIAL（ALLを選択），③ [DISP]キーを押す，④ DIAL（接続先を選ぶ），⑤ [DISP]キーを押す
SEARCH & DIRECT	① [BAND]キーを長押し，② DIAL（SEARCH & DIRECTを選択），③ [DISP]キーを押す，④ MICのキーで検索文字列を入力，④ [DISP]キーを押す，⑤ DIAL（接続先を選ぶ），⑥ [DISP]キーを押す
DTMF ID 直接入力	① マイクの[#]を長押し，② マイクのテンキーでDTMF ID（5桁）を入力，③ [#]を押す
3. 切断	マイクの[*]を長押し
4. 終了	[Dx]キーを長押し

■ FTM-991/M/S

1. ノードへの接続	① ローカル・ノードの周波数をセットし，MODEをC4FMにする，② [F]キーを押して，「X」をタップ
2. 検索とノード/ルーム接続	接続後，画面下部に表示されているボタンをタップすることで各動作を行う
ALL	① 「ALL」をタップ，② 接続したいノード（ルーム）名をMULTI DIALで選択，③ 「SELECT」をタップ
SEARCH & DIRECT	① 「SEARCH&DIRECT」をタップ，② 検索文字列を入力（ディスプレイをタップ），③ 「ENT」をタップ，④ 接続したいノード（ルーム）名をMULTI DIALで選択，⑤ 「SELECTキー」を押す
DTMF ID 直接入力	① 「SEARCH&DIRECT」をタップ，② 「ID」をタップ，③ 接続したいノード（ルーム）のDTMF IDをディスプレイにタップして入力，⑤ 「ENT」をタップ
カテゴリー・リスト	① 「FAVORITE」をタップ，② 接続したいノード（ルーム）名をMULTI DIALで選択，③ 「Select」をタップ
3. 切断	ディスプレイで「DISCNCT」をタップ
4. 終了	「BACK」を押す

■ HRI-200モードへの切り替え方法

ノードを運用する際は，トランシーバをHRI-200モードに設定する．
電源をOFFにして，[Dx]キーと[GM]キーを押しながら電源をONにすることでHRI-200モードと通常モードの切り替えが可能．
アナログ運用で，HRI-200モードを抜けた場合は必ずWIRES-Xソフトウェアを閉じる（意図しない周波数で送信してしまうことがあるため）．

WIRESパーフェクト・マニュアル | 111

6-3 機種別APRS設定ガイド

「WIRESとAPRSで楽しむ」(p.67〜)で触れたAPRS対応トランシーバの初期設定と，運用に必要な操作の一覧表です．

FT1D APRS設定ガイド

■ 初期設定
初期設定を行っておけば，BバンドにAPRSの周波数を設定して，ビーコン送信をONにすることでいつでもAPRS運用が可能になる．

順番号	設定項目	操作内容
1	周波数設定	[A/B]キーを押し，Bバンド(下側)をメイン・バンドにする．Bバンドの周波数を[144.64MHz]にセットしてメイン・バンドをAに戻す
		【DISP】を長押ししてSETモードに入る
2	APRSを選択	【9 APRS】に合わせて[ENT]キーを押す
3	パケット・スピード	【4 APRS MODEM】で，[9600bps]を選択する
4	メッセージ着信通知	【5 APRS MSG FLASH】を選択し，【MSG：】を[EVERY 5s]に設定する
5	APRSミュート	【8 APRS MUTE】を[ON]にする
6	ビーコン送信間隔	【14 BEACON INTERVAL】を選択し，[3min]に変更する
7	ステータス・テキスト(自局情報)	【15 BEACON STATS TXT】を選択し，受信中の周波数や，WIRESのノード番号，ルーム番号などの自局情報を入力する(例：WIRES #20510 Listening, 433.40MHz C4FM, PSE Call me！など)
8	デジピータ指定	【18 DIGI PATH】を選択，[P2(1)1 WIDE 1-1]に設定する
9	コールサイン	【23 CALLSIGN(APRS)】を選択し，自局のコールサインを入力する．その際に，コールサインの後ろにSSIDを入れる(徒歩，自転車などは[-7]，動力付き車両なら[-9])
10	シンボル	【25 MY SYMBOL】を選択し，自局の移動手段または状態に最も近いアイコン(シンボル)を選択する
11	スマートビーコン	【27 SmartBeaconing】を選択し，【STATUS：】を設定する．自動車は[type 1]，自転車は[type 2]，徒歩は[type 3]を選択．そのほかは[type 1]
		【MENU】を3回押し，周波数表示に戻す

■ 1200bpsパケットで運用する場合
1200bpsパケットでAPRSを行う場合は，設定項目を次のように読み替える

順番号	設定項目	操作内容
1	周波数設定	[A/B]キーを押し，Bバンド(下側)をメイン・バンドにする．Bバンドの周波数を[144.66MHz]にセットしてメイン・バンドをAに戻す
		【DISP】を長押ししてSETモードに入る
2	APRSを選択	【9 APRS】に合わせて[ENT]キーを押す
3	パケット・スピード	【4 APRS MODEM】で，[1200bps]を選択する

■ 日常的な操作「ビーコン送信のON/OFF」

[F]キーを押してから[0]キーを押し，STATION LISTを表示させる．
[MODE]キーを押し，ディスプレイに【◎】インターバル・ビーコンまたは【○】スマート・ビーコンを表示させる．この状態で，位置情報ビーコンの送信が自動的に行われる．APRS設定メニューで【16 BEACON TX】を[◎AUTO]に設定することでも可

■ APRS運用を行わない場合

[DISP]キーを長押しして，SETUP MENUにする．
【APRS】を選択し，【5 APRS MODEM】を[OFF]にする．

第6章　資料編

FTM-400D/DH APRS設定ガイド

■ 初期設定
初期設定を行っておけば，BバンドにAPRSの周波数を設定して，ビーコン送信をONにすることで，いつでもAPRS運用が可能になる．

順番号	設定項目	操作内容
1	周波数設定	Bバンド(下側)を144.64MHzに合わせ，[DISP]キーを長く押して，SETUP MENUにする．【APRS】を選択し，APRS設定メニューに入る
2	モデム	【5 APRS MODEM】を[ON]にする
3	APRS MUTE	【6 APRS MUTE】を[ON]にする
4	自局パケット受信	【7 APRS POPUP】を選択し，【MY PACKET】を[ON]にする
5	ポップアップ・カラー	【8 APRS POPUP COLOR】を選択 【1 BEACON】を【CHECK OFF】，【2 MOBILE】を【GREEN】，【3 OBJ/ITEM】を【BLUE】 【5 RNG RING】を【ORANGE】，【6 MESSAGE】を【YELLOW】，【8 MY PACKET】を【YELLOW】にする
6	APRSリンガー(隣接通知)	【9 APRS RINGER】を選択し，【RNG RINGER】を選択，[005]などと入力する ※ここで「005」は「距離」を示し，単位は「km」．その範囲内にいる局のビーコンを受信すると通常とは異なるビープ音が鳴る
	メッセージ読み上げ	【MSG VOICE】を選択し，ボイス・ユニット(FVS-2)を装着している場合は[ON]にする
7	ステータス・テキスト(自局情報)	【14 BEACON STATUS TXT】を選択 【1 SELECT】を[TEXT1]，【2 TX RATE】は[1/3(FREQ)]，【3 TEXT】に自局の紹介を設定．例えば，待ち受けしているルーム番号などの自局情報を入力．合わせて[FREQUENCY]を選択(Aバンドに合わせている周波数を他局に知ってもらえる)
8	ビーコン送信間隔	【15 BEACON TX】を選択し，【2 INTERVAL】を[3min]に設定する(固定局は[30min])
9	デジピータ指定	【16 DIGP PATH SELECT】を選択し，[WIDE1-1]に変更
10	コールサインの設定	【23 MY CALLSIGN】を選択する 自局のコールサインを入力．固定局以外は，コールサインの後ろにSSIDを付ける(乗用車は[-9]，大型車は[-14])
11	シンボルの選択	【28 MY SYMBOL】を選択し，自局の状態を表すアイコン(シンボル)を設定する．このシンボルは他局のディスプレイやWebに表示されるので適切に．設定時，ダイヤルを回すことで，設定候補をさらに選べる
12	自動返信メッセージの設定	【25 MESSAGE REPLY】を選択する 【1 REPLY】を[ON]，【2 CALLSIGN】はそのまま，【3 TEXT】にコメント文を入力する．コメント文は[Tnx Msg]や[I am driving]などと入力する
13	ポジション・コメントの選択	【29 POSITION COMMENT】を選択し，他局とメッセージのやり取りを行うなら[In Service]に，それ以外の場合は[Off Duty]を選択
14	スマート・ビーコンの設定	【30 SmartBeaconing】を選択し，【1 STATUS】を[TYPE1]に設定
15	伝送データ・スピードの選択(など)	【BACK】を数回押して，SETUP MENUに戻り，【DATA】を選択する 【2 DATA BAND SELECT】のAPRSを[B-BAND FIX]に設定．【3 DATA SPEED】のAPRSを[9600 bps]に設定する
16	メッセージ定型文の登録(任意)	【4 APRS MESSAGE TXT】を選択する 1～8に簡単な定型文をプリセットする．例えば[GM(Good morningの意味)]，[Tnx Msg]，[Hello!]など，メッセージに多用しそうな文章をプリセットしておくと便利

■ 1200bpsパケットで運用する場合
1200bpsパケットでAPRSを行う場合は，設定項目を次のように読み替える．

順番号	設定項目	操作内容
1	周波数設定	Bバンド(下側)を144.66MHzに設定
15	伝送データ・スピードの選択(など)	[DISP]キーを長く押して，SETUP MENUに入る 【DATA】を選択し，DATA設定メニューに入る 【3 DATA SPEED】のAPRSを[1200 bps]に設定する

■ 日常的な操作「ビーコン送信のON/OFF」
周波数表示の状態から，[F]キーを押してファンクション・メニューの【BEACON】を押すごとに，画面上部に[◎]インターバル・ビーコン または [○]スマート・ビーコンが表示される．この状態で位置情報ビーコンの送信が自動的に行われる．◎や○が表示されていない場合は，ビーコン送信は行われない

■ APRS運用を行わない場合
[DISP]キーを長く押して，SETUPメニューにする．【APRS】を選択し，【5 APRS MODEM】を[OFF]にする．

6-4 ファームウェア・アップデート・ガイド

WIRES-Xソフトウェアはバージョンアップが行われることがあります．そして，C4FM対応トランシーバのファームウェアも更新（ファーム・アップ）されることも珍しくありません．本稿はこれらの作業経験がある方向けに，機種ごとに要点をまとめました．FT2D，FTM-100D/DHに関しては執筆時にファーム・アップが行われていないので省略．作業前のバックアップをお忘れなく．

コラム6-1　FT-991/M/Sのファーム・アップのポイント

FT-991とパソコンをつなぐと，COMポートが二つできますが，ファーム・アップには，Enhanced COMポートのほうを利用します．COMポートの番号はデバイス・マネージャーで調べておきましょう（図6-A）．

ファームアップはMAIN，DSP，TFTそれぞれに必要でソフトウェアも異なります（図6-B～図6-D），手順はほぼ統一されており，次のとおりです．

① FT-991からケーブル類をすべて外し，安定化電源をOFFにする．
② パソコンとFT-991をUSBケーブルでつなぐ．
③ FT-991と安定化電源をつなぐ（安定化電源はOFF）．
④ 書き換えファームウェアごとに異なるキー（**表6-A**のC欄）を押しながらFT-991の電源をONにする（注意：ファームウェアの種類により，安定化電源をONにするタイミングが異なる）．
⑤ 書き換えファームウェアごとに異なるソフトウェア（**表6-A**のA欄）を起動．
⑥ ソフトウェアにCOMポート番号をセット．
⑦ ソフトウェアでデータ・ファイル（**表6-A**のB欄）を読み込む．
⑧ アップデートが終わったら安定化電源をOFFにしてUSBケーブルを外す．
⑨ [Fキー]を押しながら電源ON（リセットされる）．

図6-A　FT-991/M/Sのデバイス認識
EnhancedとStandard COM Portとして認識される．ファーム・アップの際はEnhanced COM Portを選択する

図6-B　FT-991/M/S用"YFWS021"
メイン・ファームウェア・アップ用のソフトウェア

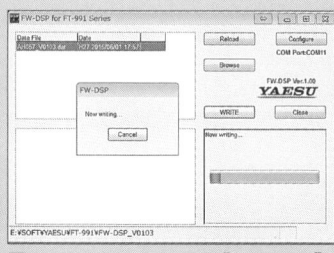

図6-C　FT-991/M/S用"FW-DSP"
DSPのアップデートはこのソフトで行う

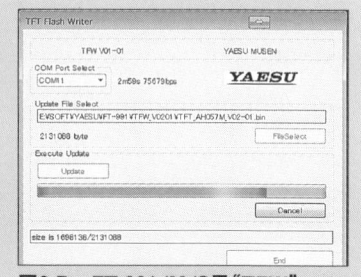

図6-D　FT-991/M/S用"TFW"
TFTのアップデートはこのソフトで行う

表6-A　FT-991/M/S ファームウェア・アップデート要点のまとめ

ファームウェア種別	A. 書き込みソフト	B. 書き込むデータ	C. 書き込みモード起動手順
MAIN	YFSW021.exe	*.SFL（拡張子がSFLのファイル）	[TXW]+[SPLIT]を押しながら安定化電源をON
DSP	FW-DSP.exe	AH057_V****.dat	安定化電源をON後，[F][MENU][BAND]を同時に押しながら[ON/OFF]キーで電源ON
TFT	TWF.exe	AH057_V****.bin	安定化電源をON後，[F][BAND][MODE]を同時に押しながら[ON/OFF]キーで電源ON

※ ***の部分はバージョン番号
※ トランシーバのファームウェア・バージョンの確認は[A=B]と[A/B]キーを押しながら電源ON

第6章　資料編

ファーム・アップ作業の共通事項

　パソコンとC4FM対応トランシーバ（以下，リグ）をつなぐケーブルは，各機種に付属しています（FT-991を除く）．

　ファームウェアの入手は八重洲無線のWebサイト，各機種の紹介ページに用意されている「ダウンロード」のメニューからダウンロードします．Microsoft .NET Framework（3.5以降）が必要です（Web検索してセットアップ可能）．八重洲無線のWebから入手できるのは，USBドライバ，各機種ごとに異なるファーム・アップ・プログラムです．リグとパソコンの接続は全機種ともにUSBドライバをセットアップしてから行います．

コラム6-2　FTM-400Dのファーム・アップのポイント

　対象となるファームウェアはMAINとDSPの二つです．リグとパソコンをつなぐ前に，付属ケーブル（SCU-20）のドライバをセットアップしておきましょう（図6-E）．

図6-E　FTM-400DまたはFT1Dとつないだときに認識されるCOMポート

■ ファームウェアのバージョン確認

　MAINファームのバージョンはSETUP MENUのRESET/CLONE画面で確認できます．DSPはSETUP MENU→TX/RX→DIGITALの画面で確認します．

■ MAINファーム・アップ手順

　本体にフロント・パネルは接続不要です．手順は次のとおりです．

① FTM-400D/DH本体のビスを8本外してメイン基板を見る，② 本体の前側を手前に見て，メイン基板の左手前側に小さいスイッチがあるので，それをBOOT側に切り替える，③ SCU-20とパソコンをつなぎ，FTM-400Dに電源を供給して，ファーム・アップ・ソフトを動かす，④ 終了したら②でBOOT側にしたスイッチをS01と書いてある側に戻す．その後，念のためSETUP MENUのRESET/CLONEでリセット．

■ DSPファーム・アップ

　本体内部のスイッチを切り替える必要はなく，ソフトウェアに表示される案内どおりに行えば，難なくできます．次の手順です．

① パソコンとリグをつなぐ（SCU-20），② [F][Dx]を押しながら電源ON，③ [Dx]を押してソフトのUpdateボタンを押す．

コラム6-3　FT1Dのファーム・アップのポイント

　ファームウェアはMAINとDSPの二つです．付属のUSBケーブル（SCU-16）のドライバーをあらかじめセットアップしておきます（デバイス・マネージャーで見ると図6-Eのように表示される）．

　ファーム・アップは必ずACアダプタまたは外部電源をつないだ状態で行います．バックアップも忘れずに．

■ ファーム・バージョンの確認

　MAINファーム・バージョンは[BAND]を押しながら電源ON，もう一度[BAND]を押すと表示されます．DSPのバージョンは，[DISP]長押し→[2 TX/RX]→[2 DIGITAL]→[6 DSP Ver.]の画面で確認します．

■ メイン・ファーム・アップ手順

　メイン・ファームウェア（ソフト）をダウンロードして実行できるようにしておきます．

① FT1Dとパソコンを付属のケーブル（USBケーブルとシリアル・ケーブル）で接続，② バッテリを外して，ゴム製の目隠しフタを外す，③ 小さいスイッチがあるので，それを上側に切り替える，④ ファーム・アップ・ソフトを起動して画面の案内指示どおりに作業する，⑤ 終了したら②で上側にしたスイッチを下側に戻す．その後，念のため[Dx][GM][ENT]を同時に押しながら電源をONにして[F]を押し，リセットする．

■ DSPファームアップ

　本体の隠しスイッチを切り替える必要はなく，ソフトウェアに表示される案内どおりに行えば，難なくできます．次の手順です．

① パソコンとリグをつなぐ，② [A/B]を押しながら電源ON，③ [F]を押してソフトのUpdateボタンを押す，④ 終了したら，電源を入れ直して，バージョン番号を確認します．

　メイン・ファームウェアもDSPも，各アップデート・ソフトにも，いずれも詳しい説明書（PDF）が用意されています．活用しましょう．

索引

アルファベット

Act	6
ALL JA CQ ROOM	28
ALL検索	39
APRS	67
APRS設定	112
AX.25プロトコル	68
CATEGORY	40
CQルーム	16, 95
CTCSS	82
DL50A	74
Download News	99
DR-1X	50
DSQ	33, 82
DTMF	21
DTMF ID	6
DTMFミュート	84
Dxキー	3
EchoLink	48
EMERGENCY	51
ENC/DEC	82
FMトランシーバ	14
FT1D	30
FT2D	30
FT-7900	14, 74
FT-8900	19
FT-991/M/S	32
FTM-100D/DH	31
FTM-400D/DH	14, 31
GM機能	66
I-GATE	69
ID	85
IDLE	7
ID非公開設定	92
IDリスト	23
INT NEWS	63, 99
IPアドレス	104
Local News	54, 99
LOCAL表示	83
News list	99
NEWS STATION	55
PICT	57
PTT	49
QSLカード	50
QSLビュー	88
Room常時接続	94
Room接続許可	93
SCU-23	58
SMB-201	4, 74
SQLタイプ	82
SSコード	109
T-TRX	82
TSQ	82
UDP	78
UPnP	75
UPnP自動登録	17
VOICE	59
VoIP通信区分	23, 101
VoIP無線	14, 48
VX-3	21
VX-8D	21
Webリモート	104
WIRES	2
WIRESMON-X	103
WIRES-X遠隔操作ソフトウェア	104
WIRES-Xサーバ	64
WIRES-X接続用キット	14, 72
WIRES-Xソフトウェア	87
WIRES-Xリモート・モニタ	103

索引

| WIRESプラグイン | 105 |

ア

あいまい検索	41
アクセス・ポイント	2
アクセス履歴順	41
アクティブIDリスト	23
アクティブ・ノード・ウィンドウ	6, 88
アクティブ・モニタ	21
アクティブ・ルーム・ウィンドウ	88
アタッシュ・ケース	18
アナウンス	85
アパマン・ハム	16
インターネット回線	75
インターフェース	15
位置情報	28, 67
移動ノード	18
運用周波数	101
エマージェンシー	52
遠隔制御機能	105
応答	50
オーディオ調整	83
オート・スタート	106
オープン・ノード	17, 25, 92
オン・エア・ミーティング	47
音声データ	100
音声の遅延	49
音声メッセージ	59, 61
音声レベル	83

カ

海外交信	50
カテゴリ	43
基本運用情報	92
狭域ノード	101
強制空冷ファン	103
緊急情報	60
クーリングファン	4
グループ・ウィンドウ	6, 88
グループウィンドウ設定	82
グループ・モニタ	66
グローバルIPアドレス	78
携帯電話	2
公開ノード	14, 72
航空地図	67
交信例	49
コールサイン設定	91
コールサイン登録	27
コネクトIDウィンドウ	7
コメント設定	92
コンパス画面	60

サ

自局Room設定	95
自局位置	28, 93
試聴会	47
車載ノード	18
社団局	77, 102
周波数非公開	82
ジュニア・ハム	15
常時接続	93
シリアル番号	77
シンプレックス	66
スケルチ種別	82
スケルチ・タイプ	34
ステータス・インジケータ	88
ステータス・バー	88
ストリート・ビュー	67
スマートフォン	2
接続解除	3
接続局ID表示	89
接続先ID	7
切断タイマー	93
送信出力	102

送信タイムアウト・タイマー	7
送信プリエンファシス	85

タ

ダミーロード	74, 86
チャット・ウィンドウ	7, 88
データ端子	73
デジタルID	85
デジピータ	69
テストトーン	84
手ぶれ	58
トーン・スケルチ	33, 73, 82
取扱説明書	78

ナ

ニュース・ステーション	8, 53, 98
認証	81
ノード	14, 21
ノードID	91
ノード・アイコン	6
ノード情報	91
ノード・トゥ・ノード	21
ノード登録	77
能登半島地震	20

ハ

バージョン確認	27
パーソナル・ノード	25
パケット通信	68
発熱対策	102
バンドプラン	26
東日本大震災	19
光ファイバ回線	75
ファンクション・ウィンドウ	88
フィルタ	85
ブックマーク	43
プリセット音量	83
ブレークイン・タイム	49
フレッツ	75
防災	19

マ

マイク延長	58
マイクブースト	84
マイ・ノード	25
ミーティング	17
無線機設定	82
無線局免許状	102
メイン画面	87
メニュー・バー	6

ヤ

ユーザーID	90
呼び出し	50

ラ

ラウンドQSOルーム	22, 94
ラグチュー仲間	18
リクエスト信号	26
利用局モニタ・ウィンドウ	7, 88
ルータ	75
ルーム	94
ルームID	6, 22
ルーム管理	107
ルーム・チェンジ	35
ルーム名	6
レピータ	50
ローカルIPアドレス	78
ローカル・ノード	21, 29
ログ・ウィンドウ	7, 88
ログ保存設定	94

著者プロフィール

JQ1YDA
東京ワイヤーズ・ハムクラブ

2002年8月，WIRES-IIがスタートした直後の同年11月にWIRES-IIの愛好家が集まり設立．
2003年8月，WIRES-IIにラウンドQSOルーム機能が追加される際の試験運用に携わり，ALL JA CQ ROOMの企画立案，運用を通じ，基礎固めを行う．現在は，提携しているJQ1ZEV（ワイヤーズ・ネットワーク・コミュニティーズ）を通じたハムフェアへの出展や，オン・エア・ミーティングなどのイベントを実施．ノード検索サイトも公開するなど，活動が多様化する中でも，目立たず，仕切らず，縁の下の力持ちとして活動中．

執筆協力：JK1MVF 髙田 栄一

　　　　（JQ1YGI 川口WIRESハムクラブ）

■ **本書に関する質問について**

文章，数式，写真，図などの記述上の不明点についての質問は，必ず往復はがきか返信用封筒を同封した封書でお願いいたします．勝手ながら，電話での問い合わせは応じかねます．質問は著者に回送し，直接回答していただくので多少時間がかかります．また，本書の記載範囲を超える質問には応じられませんのでご了承ください．

質問封書の郵送先
〒112-8619 東京都文京区千石4-29-14　CQ出版株式会社
「WIRESパーフェクト・マニュアル」質問係 宛

● **本書記載の社名，製品名について** ── 本書に記載されている社名および製品名は，一般に開発メーカーの登録商標です．なお，本文中ではTM，®，©の各表示は明記していません．

● **本書記載記事の利用についての注意** ── 本書記載記事は著作権法により保護され，また産業財産権が確立されている場合があります．したがって，記事として掲載された技術情報をもとに製品化するには，著作権者および産業財産権者の許可が必要です．また，掲載された技術情報を利用することにより発生した損害などに関しては，CQ出版社および著作権者ならびに産業財産権者は責任を負いかねますのでご了承ください．

● **本書の複製などについて** ── 本書のコピー，スキャン，デジタル化などの無断複製は著作権法上での例外を除き，禁じられています．本書を代行業者などの第三者に依頼してスキャンやデジタル化することは，たとえ個人や家庭内の利用でも認められておりません．

JCOPY 〈(社)出版者著作権管理機構委託出版物〉
本書の全部または一部を無断で複写複製（コピー）することは，著作権法上での例外を除き，禁じられています．本書からの複製を希望される場合は，(社)出版者著作権管理機構（TEL：03-3513-6969）にご連絡ください．

WIRES パーフェクト・マニュアル

2015年9月15日　初版発行
2015年12月1日　第2版発行

© 東京ワイヤーズ・ハムクラブ 2015
（無断転載を禁じます）

東京ワイヤーズ・ハムクラブ 編
発行人　小　澤　拓　治
発行所　CQ出版株式会社
〒112-8619　東京都文京区千石4-29-14
電話　編集　03-5395-2149
　　　販売　03-5395-2141
振替　00100-7-10665

乱丁，落丁本はお取り替えします
定価はカバーに表示してあります

ISBN978-4-7898-1583-3
Printed in Japan

編集担当者　吉澤　浩史
本文デザイン・DTP　㈱コイグラフィー
印刷・製本　三晃印刷㈱